KB038437

10대를 위한 뇌 과학 수업

소용돌이치는 사춘기의 뇌

10대를 위한 뇌 과학 수업

소용돌이치는 사춘기의 뇌

초판 1쇄 발행 2022년 9월 26일
초판 2쇄 발행 2024년 6월 3일

글쓴이 양은우
그린이 나수은

편집장 천미진
편 집 최지우, 김현희
디자인 최윤정
마케팅 한소정
경영지원 한지영

펴낸이 한혁수
펴낸곳 도서출판 다림
등 록 1997. 8. 1. 제1-2209호
주 소 07228 서울시 영등포구 영신로 220 KnK디지털타워 1102호
전 화 02-538-2913 팩 스 070-4275-1693
다림 카페 cafe.naver.com/darimbooks
블로그 blog.naver.com/darimbooks
전자 우편 darimbooks@hanmail.net

© 양은우, 나수은 2022

ISBN 978-89-6177-297-6 (43470)

이 책 내용의 일부 또는 전부를 사용하려면 반드시
저작권자와 도서출판 다림의 서면 동의를 받아야 합니다.
책값은 뒤표지에 있습니다.

10대를 위한 뇌 과학 수업

소용돌이치는 사춘기의 뇌

양은우 글 나수은 그림

다림

목차

1장 변화하는 사춘기의 뇌

2장 사춘기의 뇌를 조종하는 힘

3장 공부하는 뇌의 비밀

4장 건강한 '뇌춘기'를 위하여

세상에서 가장 무서운 사람이 '중2'라는 우스갯소리가 있죠? 여러분은 이 말을 들으면 어떤 생각이 드나요? 문제가 많거나 세상 물정 모르는 철부지로 취급받는 것 같아 억울하지 않나요? 미안하지만 저 역시도 뇌 과학을 공부하기 전까지는 다른 어른들과 다를 바 없었던 것 같습니다. 하지만 그 생각은 뇌 과학을 공부하면서부터 완전히 바뀌게 되었습니다. 어른들의 눈으로 볼 때는 이해하기 어려운 청소년들의 튀는 행동들이 뇌가 완성되어 가는 과정에서 겪는 변화라는 것을 이해했습니다. 그 후로 청소년들을 바라보는 시각이 완전히 달라졌죠.

이 책은 사춘기를 겪고 있는 청소년과 그들의 부모님을 위해 썼습니다. 어른들이 보기에는 아슬아슬한 사고와 행동을 하면서도 청소년 스스로는 정작 무엇이 문제인지 잘 모르는 경우가 많습니다. 그러다 보니 부모님과 갈등을 겪기도 합니다. 시간이 지나면 자연스럽게 해결될 수 있는 문제임에도 불구하고 서로의 마음에 깊은 상처를 내는 경우도 있죠.

저는 8년 전에 우연히 뇌 과학을 체계적으로 공부하면서부터 사람에 대한 이해가 깊어지는 것을 느끼게 되었습니다. 심리학으로 완전하게 이해할 수 없었던 것들도 뇌 과학은 정확히 알려 주었습니다. 이전에는 '저 사람은 왜 저래?', '저 사람은 이상해.'라며 다른 사람을 편협한 시각으로 바라보았다면 지금은 '아, 저 사람은 뇌가 그렇게 행동하게 시키는 거구나.' 하는 생각이 들면서 사람들을 조금 더 너그럽게 바라볼 수 있게 됐습니다.

이 책을 읽는 여러분도 저와 같은 변화를 경험하길 진심으로 바랍니다. 이 책을 통해 여러분 자신에 대해 좀 더 깊이 이해할 수 있으면 좋겠습니다. 주변 친구들 그리고 부모님을 비롯한 주위 어른들과의 관계도 지금보다 부드러워질 수 있지 않을까 기대합니다. 아울러 이 책이 어렵고 딱딱하게만 느껴졌던 뇌 과학에도 관심을 가질 수 있는 계기가 되길 바랍니다.

양은우

청소년의 뇌는 공사 중

흔히들 청소년기를 질풍노도(疾風怒濤)의 시기라고 합니다. '질풍노도'란 '몹시 빠르게 불어오는 바람과 무섭게 소용돌이치는 물결'을 말하는 것이죠. 왜 청소년기를 이렇게 표현하게 되었을까요?

청소년기의 특징 중 하나는 반항적이라는 것입니다. 잠잘 시간을 넘겨 밤늦게까지 깨어 있다가 아침이면 일어나기 힘들어 잠을 깨우는 엄마와 전쟁을 합니다. 부모님과 의견 충돌을 일으키거나 가족과 함께 있는 것보다는 혼자 있는 것을 더 좋아하고 친구들과는 잘 어울리면서 부모나 형제들과는 데면데면하게 지내기도 합니다. 때로는 시간 가는 줄 모르고 게임에 몰두하며 가끔은 호기심을 주체하지 못해 술이나 담배 같은 유혹에 빠지기도 합니다. 이성에 대한 관심도 폭발적으로 일어나고요.

청소년의 이런 모습이 어른들 눈으로 볼 때는 반항적인 것처럼 느껴지기도 하죠. 하지만 대체적으로 청소년기에 반항적인 특징이 나타나는 것은 지극히 정상적이라고 할 수 있습니다. 청소년의 뇌 안에는 많은 공사가 일어나고 있기 때문입니다.

뇌 과학 분야에서는 뇌의 3층 구조설이 있습니다. 이해를 돕기 위해 아파트를 예로 들어 볼까요? 아파트에 수도나 전기, 난방, 상하수도 등의 기능이 제대로 갖춰지지 않는다면 그 아파트가 아무리 멋있는 집이라도 살기 어려울 것입니다.

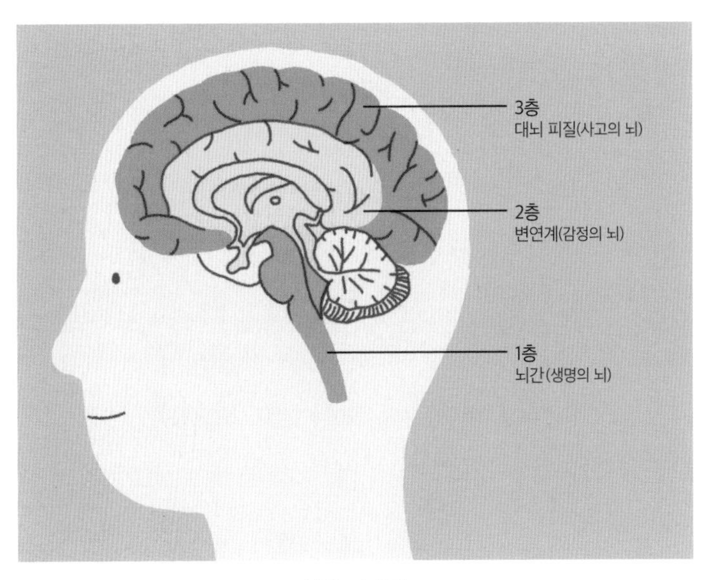

뇌의 3층 구조

사람도 마찬가지입니다. 기본적인 기능이 갖추어지지 않으면 살아가는 것 자체가 힘들어질 수 있습니다.

사람에게 가장 중요한 건 생존입니다. 생존하기 위해서는 숨을 쉬고, 체온과 맥박을 고르게 유지하고, 몸에 좋지 않은 이물질을 내보내는 등 해로운 환경에 대처하는 것이 제일 중요합니다. 만일 이러한 기능이 제대로 이루어지지 않는다면 생명을 유지하는 데 지장을 받을 수도 있을 테니까요. 그래서 몸의 항상성◆을 유지하는 부위가 존재하는데 이 부위를 뇌간, 즉 뇌줄기brainstem라고 합니다. 생명의 뇌Survival Brain라고 부르기도 합니다. 이 영역에서 심장 박동이나 체온 유지, 재채기나 구토와 같은 반사 운동◆을 담당합니다. 생명 유지에 핵심적인 역할을 하기 때문에 생명의 뇌라고 불리는 것이죠. 그래서 뇌간은 뇌에서 가장 깊숙한 곳에 자리 잡고 있습니다. 외부의 위험으로부터 안전하게 보호하기 위해서죠.

생존하는 데 필요한 가장 기본적인 기능을 갖추고 나면 그다음으로 필요한 기능은 무엇일까요? 공포와 두려움, 기쁨과 슬픔, 즐거움과 괴로움 등 온갖 감정을 느끼는 게 아닐까요? 어둡고 으슥한 골목길에서 낯선 사람이 뒤따라오고 있을 때 공포나 두려움을 느끼지 못한다면 자칫 나쁜 일을 당할 수도 있습니다. 또 가

항상성 생체가 여러 가지 환경 변화에 대응하여 일정한 상태를 유지하는 성질.

반사 운동 자극에 대하여 무의식적으로 일어나는 근육 운동.

까운 사람이 큰 곤경에 빠져 있거나 슬픔에 힘들어할 때 공감하지 못하면 정상적으로 다른 사람들과 어울리며 원만한 관계를 맺기 어렵겠죠. 상황에 적합한 감정을 느끼게 하는 뇌 부위를 변연계limbic system라고 합니다. 감정 표현을 담당하기 때문에 감정의 뇌Emotional Brain라고 부르기도 합니다.

인간은 사고하는 동물입니다. 물론 침팬지나 돌고래 같은 동물도 사고를 한다는 걸 보여 주는 사례가 있지만 인간의 사고는 그 수준이 훨씬 뛰어납니다. 도구를 만들어 내고 그것을 활용하여 삶을 보다 편리하고 윤택하게 하는 역량이 있습니다. 인간의 이 '사고'하는 능력 덕분에 지금과 같은 문명 세계를 일구어 낼 수 있었지요. 인간의 뇌 가장 바깥쪽에는 사고를 담당하는 대뇌 피질cerebral cortex이 자리 잡고 있습니다. 우리가 흔히 보는 주름 잡힌 쭈글쭈글한 뇌라고 생각하면 됩니다. 사고의 뇌Thinking Brain라고도 하지요. 인간은 자신의 몸보다 무거운 뇌를 가지고 있습니다. 대뇌 피질의 두께도 다른 동물보다 두껍습니다. 그만큼 인간에게 사고하는 것이 중요하다는 이야기겠죠.

이 3개 층 모두 인간에게는 아주 중요한 역할을 합니다. 그런데 뇌의 입장에서 보면 우선순위가 다소 달라질 수 있어요. 현대 문명 속에서도 뇌는 여전히 원시 시대의 지배를 받습니다. 원시 시대에는 무엇보다 안전하게 살아남는 것이 가장 중요했기 때문에 지금처럼 문명이 발달한 시대에도 뇌는 생존에 우선순위를 둡니다.

생존할 때 가장 중요한 부위는 뇌간입니다. 호흡과 심장 운동을 담당하는 뇌간이 작동하지 않으면 목숨이 위험하기 때문에 두뇌 중 이 부위가 제일 먼저 발달합니다. 갓 태어난 아기들도 심장이 뛰고 피가 돌고 숨을 쉴 수 있는 이유죠.

그다음으로 자신에게 닥친 위험을 알아차리고 대응할 수 있는 변연계가 발달합니다. 이 부위는 태어난 이후부터 계속 발달하여 청소년기가 되면 거의 발달이 끝납니다. 아기들은 뜨거운 불을 만지거나 높은 곳에서 떨어지는 것과 같은 두려움을 잘 못 느낍니다. 성장을 하면서 점차 이러한 일들이 위험하다는 것을 알게 되지요. 위험을 인지하는 기능이 제대로 갖추어져 있지 않다가 점차 그 기능이 발달하는 겁니다.

제일 마지막으로 학습, 기억, 사고 등의 기능을 담당하는 대뇌 피질이 발달합니다. 대뇌 피질은 뇌의 바깥층을 감싸고 있는 2~4mm 두께의 회백질 부분입니다. 회백질에는 신경 세포가 모여 있습니다. 사고하는 능력은 중요하기는 하지만 태어나자마자 당장 필요하지는 않습니다. 생각하는 힘이 다소 부족해도 먹고, 자고, 사는 데는 지장이 없을 수도 있으니까요. 공포나 두려움을 느끼는 감정에 비해서도 우선순위가 떨어집니다. 그래서 이 부위는 성인이 되어야 비로소 발달이 끝납니다.

그렇다고 해서 뇌간이 다 완성이 된 후 변연계가 완성이 되고, 그다음에 대뇌 피질이 완성되는 식으로 뇌가 차례차례 발달하는 것은 아닙니다. 발달이 끝나는 시점이 서로 다를 뿐이죠. 대뇌 피질 중에서도 시각, 청각, 촉각, 공간 지각 등 감각을 담당하는 부위는 태아 때부터 발달합니다. 하지만 사고 기능은 꽤 오랜 시간을 두고 천천히 발달합니다.

대뇌 피질은 크게 4개의 영역으로 나눠집니다. 시각 정보를 처리하는 후두엽, 감각과 공간 지각 등을 담당하는 두정엽, 학습과 기억에 관여하는 측두엽, 마지막으로 이마 주위에 전두엽이라는 부위가 있습니다. 대뇌 피질이 담당하는 사고의 기능은 주로 전

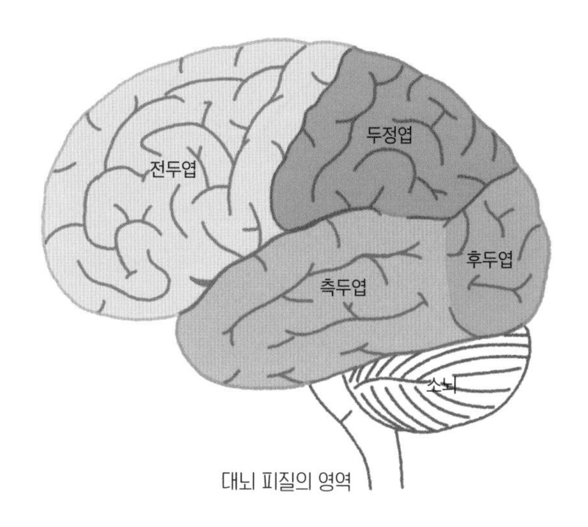

대뇌 피질의 영역

두엽에서 이루어집니다.

이 부위에서는 이성적이고 논리적인 사고, 계획의 수립과 집행, 각종 의사 결정, 결과의 예측, 충동 억제 등의 기능을 합니다. 그중 전두엽 앞부분에는 전전두엽이라는 부위가 있는데 이 부위가 두뇌의 모든 기능을 조종하고 통제합니다. 그러니 두뇌에서도 가장 중요한 부위가 전전두엽이라고 할 수 있죠. 이 부위는 20대 초 중반에 발달이 끝납니다.

청소년기에 뇌간은 이미 성숙하고 변연계는 발달 막바지에 이른 반면 대뇌 피질, 그중에서도 전두엽은 아직 발달 중입니다. 또한 청소년기 뇌 안에서는 자주 사용하지 않거나 불필요하다고 여겨지는 신경 세포의 연결은 끊고 자주 사용하는 것들의 연결은 강화하는 가지치기가 일어납니다. 전두엽과 변연계 사이에서도 이러한 일들이 벌어지는데요. 감정을 원활하게 억제하고 통제할 수 있도록 신경 다발이 만들어지는 거죠. 공사 중인 도로로 차량이 원활하게 지나가기 힘들 듯이 가지치기 중인 신경 다발은 변연계에서 밀려드는 감정을 전두엽에서 처리하기 어렵게 합니다.

감정이 '변연계–전두엽' 도로로 밀려드는데 아직 발달 중인 전두엽은 밀려오는 감정들을 제대로 통제할 수 없어서 감정에 휩쓸려 행동하게 되는 것이죠.

청소년기에는 호르몬의 분비도 이전과 달라집니다. 호르몬은 내분비 기관에서 나오는 화학 물질입니다. 혈관을 통해 몸속 여러 기관으로 운반되어 우리 몸의 각종 활동을 조절해 줍니다.

앞서 설명한 변연계는 화학적인 뇌라고 부르기도 합니다. 이곳에서 감정의 변화에 영향을 미치는 호르몬이 분비되기 때문입니다. 물에 물감을 한 방울 떨어뜨리면 그 물감 색으로 물의 색이 변해 버리듯이 호르몬은 그것이 어떤 것이냐에 따라 사람을 우울하게도, 즐겁게도 만듭니다.

이렇게 변연계는 발달하고 호르몬은 왕성해지는데 전두엽은 아직 공사 중이다 보니 청소년기의 두뇌는 상당히 불안정할 수밖에 없습니다. 오직 청소년기에만 나타나는 이러한 뇌의 변화를 알아보면 복잡하게만 보이던 청소년의 마음을 잘 이해할 수 있을 겁니다. 그럼 이제부터 공사 중인 사춘기의 뇌 때문에 어떠한 일들이 벌어지는지 알아볼까요?

1장

변화하는 사춘기의 뇌

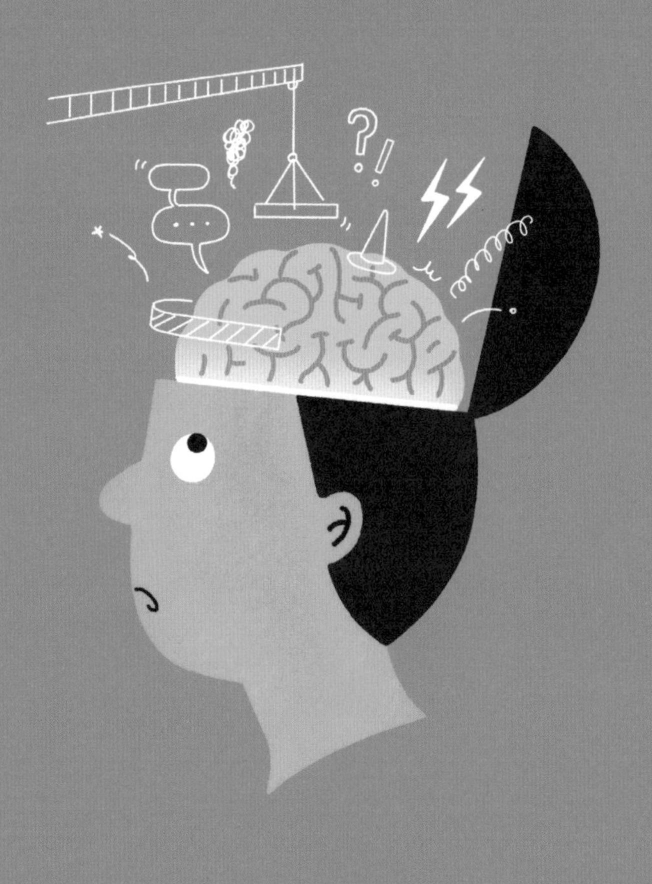

1

왜 늦게 자고 늦게 일어나는 걸까?

혹시 이 글을 읽고 있는 여러분은 밤늦게 자고 아침에 늦게 일어나는 것 때문에 부모님에게 꾸지람을 듣지는 않나요? 밤이면 늦게 잔다고 핀잔하고 아침이면 학교 가라고 잠을 깨우는 엄마와 실랑이를 벌이지는 않나요? 일찍 자고 일찍 일어나면 서로 편할 텐데 왜 그 생활 패턴은 쉽게 변하지 않는 걸까요? 부모님의 입장에서는 얘가 사춘기라서 말을 듣지 않는 걸까 하고 생각할 수도 있겠지만 늦게 자고 늦게 일어나는 것은 뇌의 발달에 따른 청소년기의 자연스러운 변화 중 하나입니다.

뇌 속에 시계가 있다고?

청소년기의 특징 중 하나는 뇌와 신체에서 분비되는 신경 전달 물질이나 호르몬 분비에 큰 변화가 생긴다는 것입니다. 잠과 관련된 호르몬도 이전과 달라집니다. 대표적인 것이 바로 멜라토닌melatonin이라고 하는 물질입니다.

사람의 뇌 안에는 생체 시계가 있습니다. 해의 변화에 따라 하루 24시간의 흐름을 느끼게 하는 것을 생체 시계라고 하는데요. 이 생체 시계로 인해 일주기 리듬circadian rhythm이 생깁니다. 일주기 리듬은 쉽게 이야기해서 심부 온도의 변화를 말합니다. 심부 온도는 심장과 폐 등 몸의 가장 안쪽에 있는 신체 내부 기관의 온도를 말하는데요. 체온은 항상 36.5도라는 일정한 수준을 유지하지만 심부 온도는 보통 새벽 3~4시경에 제일 낮아졌다가 오전 6시를 지나면서 오르기 시작하여 오후 7~8시쯤 최고를 기록하고 다시 떨어집니다.

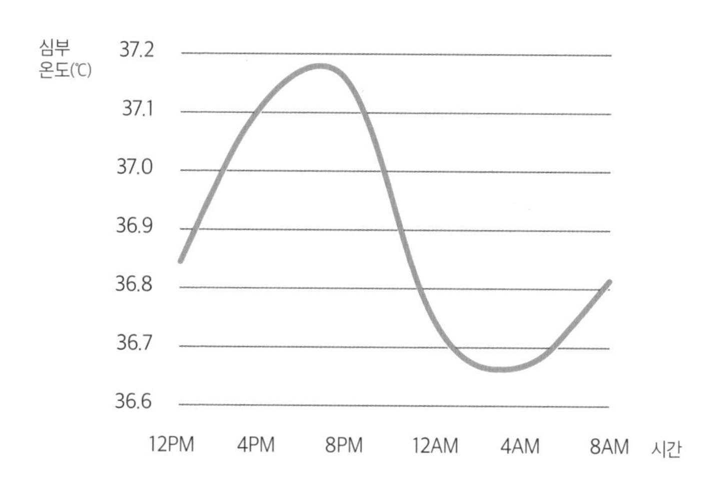

심부 온도로 보는 일주기 리듬의 변화 (출처: 열린책들, 《우리는 왜 잠을 자야 할까》)

일주기 리듬의 높낮이를 보면 우리가 어느 때 가장 활력 있게 생활하는지 알 수 있습니다. 일주기 리듬이 낮은 깊은 새벽에는 가장 활동량이 적고, 일주기 리듬이 높은 초저녁쯤에는 가장 활력이 넘치는 거죠. 일주기 리듬의 변화는 심부 온도뿐만 아니라 멜라토닌이 분비되는 시간대로도 확인할 수 있습니다.

아침이 되면 망막은 아침 햇살을 받아 전기 신호를 만들어 내고 뇌 안의 송과체◆라는 곳으로 잠에서 깰 시간이라는 신호를 흘려 보냅니다. 그러면 세로토닌serotonin이라는 신경 전달 물질이 분비됩니다. 세로토닌이 분비되면 각성 상태가 되고 머리가 맑아져서 잠에서 깨어나게 되는 거죠. 반대로 해가 지고 어둠이 깔리면

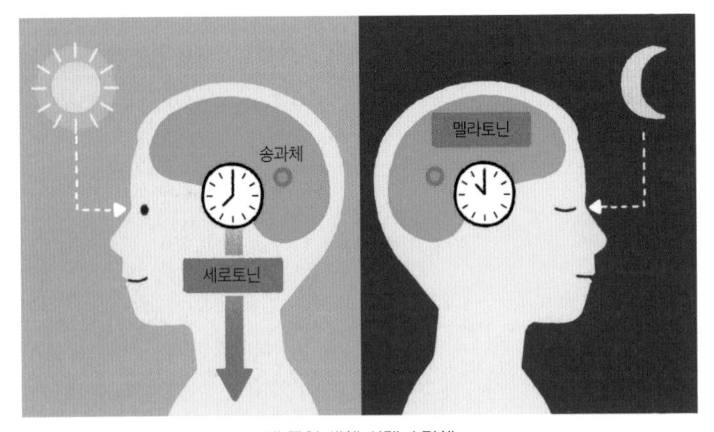

내 몸의 생체 시계 송과체

송과체 머리의 가운데에 위치한 내분비 기관으로 멜라토닌을 만들어 분비한다.

세로토닌이 멜라토닌으로 바뀌어 졸음을 느끼게 됩니다. 멜라토닌은 밤이 늦었으니 잠잘 준비를 하라는 신호를 보내는 거죠.

성인과 청소년은 일주기 리듬이 다르다

청소년기가 되면 이 화학 물질의 분비에 변화가 찾아옵니다. 멜라토닌이 나오는 시간이 이전에 비해 두세 시간 정도 늦춰집니다. 그래서 잠잘 시간이 되어도 졸리지 않은 거죠. 본래 자던 시간대보다 두세 시간 늦춰진 새벽 1~2시가 되어야 비로소 자고 싶다는 생각이 들게 된다고 합니다.

그러다 보니 일주기 리듬도 자연스럽게 두세 시간 늦춰집니다. 다시 말해서 하루를 시작하고 끝내는 시간이 늦어진다는 얘깁니다.

대부분의 직장과 학교는 아침 9시부터 일과가 시작됩니다. 하지만 성인과 청소년의 일주기 리듬은 다르기 때문에 서로 간에 활력이 넘치는 시간대가 다를 수밖에 없습니다. 예외적인 경우도 있긴 합니다만 보편적으로 성인기에는 아침 7시가 되면 각성 상태가 되어 머리가 맑아진 상태로 하루를 시작할 수 있습니다. 아침 9시 정도가 되면 에너지가 충전되고 점점 일주기 리듬이 고조되기 시작합니다. 반면에 청소년기에는 아침 7시가 되어도 잠에서 완전히 깨어나지 못합니다. 아침 9시쯤에 비로소 각성 상태가 되

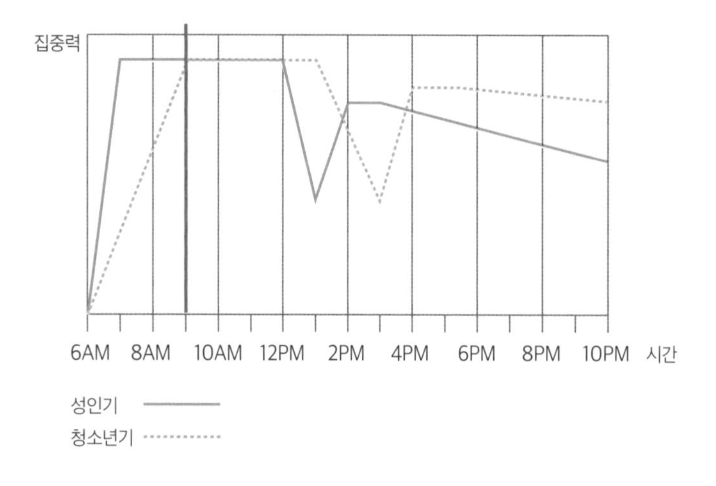

성인과 청소년의 일주기 리듬에 따른 집중력 변화
서로 다른 일주기 리듬 때문에 12시에서 4시 사이에 성인과 청소년의 집중력이 크게 엇갈리는 것을 확인할 수 있다.

고 아침 11시쯤 되어야 에너지가 충전됩니다.

그러다 보니 최적의 신체 상태가 맞지 않은 채 마주하게 되는 불일치가 일어납니다. 표를 보면 오전의 2시간 정도를 제외하고는 하루 종일 성인과 청소년의 집중력(인지 능력)이 엇갈리는 것을 볼 수 있습니다. 성인인 선생님들은 오전 9시에 에너지가 넘쳐 열정적으로 수업을 합니다. 하지만 청소년들은 그 시간에 집중력이 막 올라온 상태라서 머리가 맑지 못하고 제대로 수업에 집중할 수 있는 상태가 안 되는 것이죠. 청소년들이 늦잠을 자고 아침에도 졸려 하는 것은 게을러서가 아닌 뇌가 만들어 낸 자연스러운 현상이라고 할 수 있습니다. 즉, 청소년기가 되면 수면 호르몬인 멜라토닌의 분비가 늦어져 잠자는 시간이 늦춰지고 아침이면 잠에서 깨지 못해 어려움을 겪습니다. 이러한 차이가 전체적인 일주기 리듬의 지연을 가져오는 것이지요. 그래서 청소년과 성인은 활력이 넘치는 시간대가 다를 수밖에 없습니다. 가르치는 입장과 배우는 입장 모두 더 많은 노력이 필요하죠. 그렇기 때문에 서로의 일주기 리듬이 다르다는 것을 이해하고 배려해 나가는 것이 중요합니다.

2

친구들과는 말이 잘 통하는데 왜 엄마, 아빠랑은 말이 안 통할까?

여러분은 가족들과 다정하게 이야기를 나누는 편인가요? 많은 청소년들은 부모님과 대화를 잘 안 합니다. 어린아이 때는 엄마 아빠와 조잘대며 이야기를 잘 나누던 친구들도 사춘기에 들어서면서 갑자기 말수가 눈에 띄게 줄어들곤 합니다. 학교에서 친구들과는 즐겁게 웃고 떠들다가도 집에만 돌아오면 언제 그랬냐는 듯 자기 방에 들어가 혼자만의 시간을 보냅니다. 청소년의 뇌 안에서 무슨 일이 벌어지고 있기에 이렇게 상반된 모습을 보이는 걸까요? 여기에는 상당히 복잡한 이유가 숨어 있습니다.

청소년의 뇌는 아직 성장 중

성인과 청소년의 인지 능력은 다릅니다. 쉽게 얘기해서 청소년의 인지를 담당하는 뇌 부위는 한창 발달 중이기 때문에 발달이 끝난 성인들에 비해서는 인지 능력에 아직 미숙한 부분이 있다는 것이죠.

인지 능력이란 사물을 분별하여 인지할 수 있는 능력을 말합니다. 어떤 지식을 이해하고 문제를 해결하는 데 꼭 필요한 능력이죠. 논리적인 사고나 비판력, 감정에 휩싸이지 않고 차근차근 자신의 의견을 펼쳐 낼 수 있는 통제력도 필요합니다. 이러한 인지 능력은 이마 근처에 자리 잡고 있는 전두엽이 담당합니다.

앞서 말한 것처럼 청소년의 뇌는 아직 성장 중입니다. 감정의 뇌인 변연계는 거의 발달이 끝났지만 이성적인 사고를 다루는 전두엽은 아직도 발달 중이고 두뇌의 각 부위를 연결하는 고속 도로 공사가 진행되고 있습니다. 전두엽은 나름대로 최적의 인지 능력을 발휘하려고 하지만 전체적인 기능 연결이 제대로 이루어지지 않아 최상의 결과를 끌어내기는 어렵습니다.

소통 과정에 있어 전두엽은 핵심적인 역할을 합니다. 상대방이

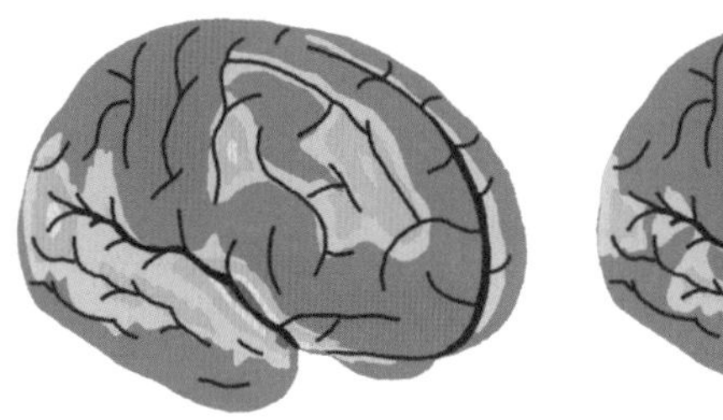
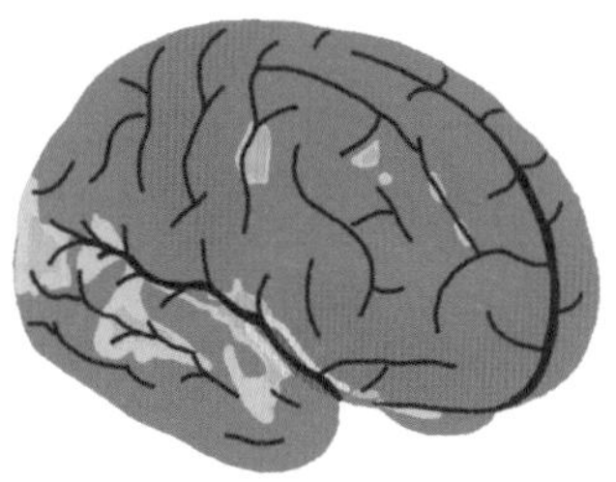

청소년과 성인의 뇌의 모습

왼쪽은 청소년의 뇌, 오른쪽은 성인의 뇌이다. 푸른색은 뇌의 발달 정도를 나타낸다. 전두엽을 살펴보면 청소년보다 성인의 전두엽에서 푸른색이 더 많은 영역을 차지하는 걸 볼 수 있다.

한 말의 의미를 이해하고 자신만의 지식과 경험을 동원하여 논리적으로 대응할 수 있는 인지 활동이 전두엽에서 이루어지는데 청소년의 전두엽은 아직 이런 기능이 충분히 발달되어 있지 않습니다. 청소년이 지닌 지식이나 경험의 수준이 아직은 미흡하기 마련이니까요. 게다가 청소년의 뇌는 이성보다 감정에 휩쓸리기 더 쉽습니다. 본능이나 충동성을 많이 따르는 변연계에서 자극에 반응할 때가 많은 거죠. 그래서 청소년기에 다툼이 있을 때 화를 내거나 우는 등 격한 감정을 표출하는 경우가 종종 생기는 겁니다.

감정의 지배를 받는 상태에서는 또 다른 소통의 어려움을 불러올 수 있습니다. 부모님은 대부분 "너 잘되라고 하는 소리야."라고 말하지만 청소년 자녀가 듣기에는 꾸지람이나 잔소리처럼 들리기 마련입니다. 그러면 뇌 안에서 스트레스 축이 활성화되고 스트레스 호르몬이 분비되면서 짜증이 나거나 화가 솟구치는 것이죠. 그런 감정에 휩싸였을 때 전두엽이 제대로 기능을 발휘한다면 화를 참고 자신의 감정을 정확히 설명할 수 있겠지만 아직 그러한 뇌 기능이 미숙하다 보니 감정을 억누르지 못한 채 화를 내는 일이 많이 일어납니다.

어른들과 말이 잘 통하지 않는 이유

성인과 청소년의 소통 프로세스에서도 차이가 납니다. 사람들

사이에서 소통이 이루어지기 위해서는 꽤 많은 프로세스를 거쳐야 합니다. 듣거나 본 정보는 청각 신경이나 시각 신경을 거쳐 뇌 안에 있는 언어 중추라는 곳으로 전달됩니다. 언어 중추는 단어의 의미를 파악하고 정보를 조합하여 그것이 무슨 의미인지를 해석하는 두뇌 기관입니다.

의미 분석이 이루어진 정보는 신경 회로를 타고 전두엽으로 전달되고 전두엽에서는 그 내용에 대한 분석 과정을 거친 뒤 과거의 경험이나 자신의 지식 체계를 뒤져 그에 적절한 반응을 찾아냅니다. 이 단계에서 개인의 경험이나 신념, 가치관, 정체성, 성격, 그리고 그때의 기분이나 평소의 정서 등이 반영됩니다. 이렇게 해서 뇌는 상대방의 말에 대응할 말을 찾아 말이나 글로 표현하여 전달합니다. 이 과정에서 혀나 입술, 손 등을 움직이기 위한 운동 중추도 필요하죠. 이처럼 의사 표현은 두뇌의 여러 과정을 거쳐야만 합니다.

소통은 한마디로 한 지역에서 다른 지역으로 사다리를 타고 목표 지점에 도달하는 것이라고 할 수 있습니다. 말하는 사람의 생각을 소통의 프로세스라는 사다리를 지나 듣는 사람의 이해라는 목표 지점에 맞게 전달하는 것이 소통이죠. 그런데 소통의 프로세스는 사람마다 다 다릅니다.

만일 다섯 명의 사람이 서로 상의 없이 간식 내기 사다리를 그린다고 하면 하나라도 같은 모양이 나올 수 있을까요? 아마도 모두 다른 형태의 사다리를 그릴 것이 분명합니다. 이렇게 사람마다 다른 사다리를 그리듯 소통의 각 단계를 연결해 주는 신경 구조도 사람마다 모두 다릅니다. 게다가 청소년의 뇌에서는 두뇌의 각 부위를 연결해 주는 도로 공사가 한창 진행 중입니다. 길이 끊긴 곳도 있고 기존에 있던 길을 허물고 다시 길을 내는 곳도 있습니다. 그러니 나와 다른 사다리 구조를 가진 사람에게 내 말을 정확히 전달하기 더 어렵겠죠.

더욱이 청소년들은 신경 회로의 연결이 아직 불완전하기 때문에 감각 기관을 거쳐 언어 중추, 전두엽으로 이어지는 소통 프로세스에서 정보의 손실이나 왜곡이 일어나기 쉽습니다. 따라서 신경 회로가 안정적으로 연결된 성인들에 비해 정보 전달이 원활하지 않은 거죠. 그래서 부모와 자녀 간의 소통이 어려워지는 일이 종종 일어납니다.

그런데 참 이상하죠? 가족들과는 달리 친구들과는 왜 말이 잘 통하는 걸까요? 이것도 신경 회로의 구조와 관련이 있습니다. 보통 청소년기에는 집보다 학교나 학원에서 시간을 보내는 경우가 많기 때문에 또래 친구들과 경험적인 측면에서 공통점이 많습니다. 두뇌 발달도 거의 비슷한 수준에서 이루어지겠죠. 정보를 받아들이고 처리하는 신경 회로의 발달 수준도 비슷합니다. 즉 머릿속에 있는 사다리의 모습이 비슷하다는 겁니다. 뇌 안의 신경 회로 구조가 유사하기 때문에 서로의 말을 잘 이해하고 받아들일 수 있게 되는 거죠.

친한 사람들끼리는 뇌가 닮았다?

위와 같은 사례를 입증하는 재미있는 실험이 있습니다. 다트머스대학교 연구 팀은 42명의 대학원생에게 여러 가지 유형의 비디오를 보여 주고 자기 공명 영상fMRI이라는 장비를 이용해 실시간으로 실험자들의 뇌 중 어떤 부위가 활성화되는지를 관찰했습니다. 실험을 하기에 앞서 연구 팀은 실험에 참여한 학생들을 둘씩 짝을 짓게 한 뒤 짝이 된 사람들 간의 사회적 거리를 쟀습니다. 사회적 거리란 사람들 사이의 친밀도를 나타내는 것인데, 짝이 된 사람들끼리 평소에 친분이 깊고 잘 아는 사이라면 사회적 거리가 가까운 것이고, 그 자리에서 처음 본 사람들이라면 사회적 거리가 먼 것이라 할 수 있죠.

실험 결과, 사회적 거리가 가까울수록, 즉 짝을 이룬 사람과 친분이 깊을수록 무언가를 생각하고 느낄 때 나타나는 신경 반응이 비슷했다고 합니다. 서로 가까운 사람들은 비디오를 보는 동안 두뇌의 유사한 영역들이 활발하게 움직였다는 것이지요.

특히 정서적인 반응을 담당하는 뇌 부위와 인지 능력을 발휘

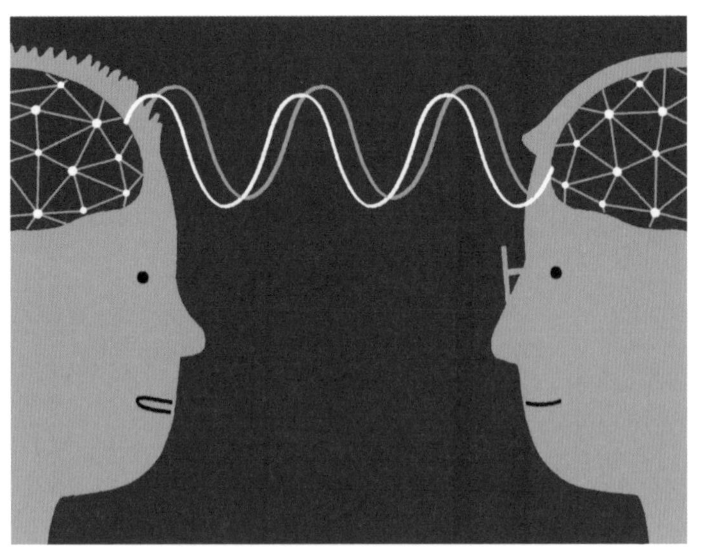

친한 사람끼리 뇌도 닮는다

하는 뇌 부위에서 이러한 반응을 보였다고 합니다. 뇌의 신경 반응이 유사할수록 감정적으로 잘 맞고 대화도 잘 통할 가능성이 높다는 것을 보여 준다고 할 수 있습니다. 반대로 사회적 거리가 먼 사이일수록 신경 회로 활동이 비슷하지 않았다고 합니다. 조금 더 쉽게 비유해서 친한 사람들의 사다리 그림은 비슷하지만 친하지 않은 사람들의 사다리 그림은 전혀 다른 형태가 된다는 겁니다.

이 실험 결과를 통해 사이가 가까운 사람들일수록 현실 세계에서 비슷한 신경 반응을 나타낸다는 것을 알 수 있습니다. 소통의 프로세스에서 어떤 자극에 반응하는 신경 회로의 구조와 그 결과물이 아주 유사한 거죠. 친구들과 말이 잘 통하는 이유는 바로 이것 때문입니다.

정리하자면 청소년기에 인지 능력을 발휘하는 전두엽은 아직 공사 중인 반면 감정을 처리하는 변연계는 공사가 거의 끝난 상태이기 때문에 청소년들은 상황을 감정적으로 받아들이기 쉽습니다. 또 사람마다 개인적 경험과 인지 능력에 따라 소통 프로세스가 달라서 소통이 원활하지 못할 때도 있고요. 따라서 어른인 부모님보다 신경 회로의 구조가 비슷한 또래 친구들과 말이 더 잘 통하는 것은 당연한 일입니다.

3
왜 어른들은 청소년을 철부지라고 여길까?

여러분은 가끔 억울할 때가 있지 않은가요? 자신은 옳은 일이라고 생각해서 한 일을 부모님이나 선생님과 같은 주위 어른들이 철없다고 여기고 꾸중을 들었던 경험 말이에요. 아마도 그런 일이 몇 번쯤은 있었을 겁니다. 사람이 워낙 다양하니 늘 칭찬만 받는 아이들도 있겠지만 사춘기 청소년들이라면 대부분은 철부지 같다는 소리를 듣곤 합니다. 요즘은 영양 섭취도 좋아지고 유전자도 이전 세대에 비해 개선되면서 청소년기에 몸은 거의 성인에 가깝게 자랍니다. 겉모습만 보면 어른 같다고 판단할 수 있죠. 하지만 몸을 지배하는 뇌는 아직 성장 중입니다. 그러다 보니 몸과 사고, 그리고 행동 사이에 불균형이 생길 수밖에 없습니다.

몸도 마음도 혼란스러운 사춘기

앞서 얘기한 것과 마찬가지로 사춘기는 혼란의 시기입니다. 2차 성징이 나타나면서 남자아이들은 수염이 자라고 목소리가 굵어지며 근육이 발달합니다. 여자아이들은 가슴과 엉덩이가 커지고 생리를 시작합니다.

반면에 뇌는 불균형 상태에 놓입니다. 감정의 뇌인 변연계는 발달이 거의 끝났지만 이성의 뇌인 대뇌 피질, 그중에서도 전두엽은 아직 발달하는 과정에 있습니다. 그러다 보니 감정과 이성 사이에 균형이 무너지고 이성보다는 감정에 치우쳐 행동하게 되는 경우가 많아지죠. 감수성이 풍부해지기도 하고 쉽게 예민해지기도 합니다.

이 외에 나타나는 사춘기의 특징 중 하나가 자아 정체성을 확립해 가는 시기라는 겁니다. 그동안에는 어린아이로 취급받는 것을 당연하게 여겼지만 사춘기가 되면서부터는 자신의 의지에 따라 주체적으로 행동하고 싶어 합니다. 성적으로 기능이 발달하고 자아 정체성이 생긴다는 건 무슨 의미일까요? 자연에서 혼자 살아갈 수 있는 능력을 갖추게 되었다는 것을 말합니다.

옛날에는 지금의 청소년 나이쯤 되면 성인으로 인정했습니다. '춘향전'에 나오는 두 주인공 이몽룡과 성춘향이 여러분들 또래였던 것은 잘 아시죠? 이팔청춘, 즉 16세 정도 되었던 때의 이야기입니다. 청소년기에 성인식을 올리고 성인으로 인정했다는 것은 독립이 가능한 시기라고 본 것일 수 있죠. 부모의 품에서 벗어나 스스로 정체성을 확립하고 혼자의 힘으로 살아갈 수 있는 시기가 됐다는 것일 수 있습니다. 하지만 따지고 보면 꼭 그렇지만도 않습니다. 완전한 성인이 되려면 뇌도 완전히 발달해야 합니다. 그래야 어떤 문제가 주어졌을 때 그 상황을 헤쳐 나가기 위해 올바른 분석과 판단, 합리적인 의사 결정을 할 수 있으니까요.

그렇다면 옛날에는 사고와 행동이 성인과 같았을까요? 왜 그때는 청소년들을 성인으로 인정했는데 지금은 그렇지 않은 걸까요? 옛날에는 대부분 육체노동을 할 수 있느냐 없느냐로 아이와 성인을 나누었습니다. 청소년이라는 개념이 따로 없어서 웬만한 성인 몫의 일을 할 수 있으면 어른 대접을 받았어요. 하지만 지식 산업의 비율이 높아지면서 육체노동으로 성인과 청소년을 구분하기 어려워졌습니다. 즉 몸만큼 뇌의 성장이 중요해진 것이죠.

청소년의 뇌와 성인의 뇌는 무엇이 얼마나 다른 걸까?

청소년기에 감정의 뇌는 발달이 거의 끝났지만 사고의 뇌는 아직 성장 중이라고 했습니다. 다음 그림에서 보는 것처럼 전두엽 부위는 꽤 큽니다. 사람의 뇌에서 그 어느 부위보다 전두엽이 차지하는 부피가 커요. 이곳에서 고도의 사고 활동이 이루어지는데요.

이 중에서도 특히나 전두엽 앞쪽에 자리 잡고 있는 전전두엽은 성숙한 뇌에 큰 영향을 미칩니다. 전두엽의 가장 앞쪽, 눈 위 이마

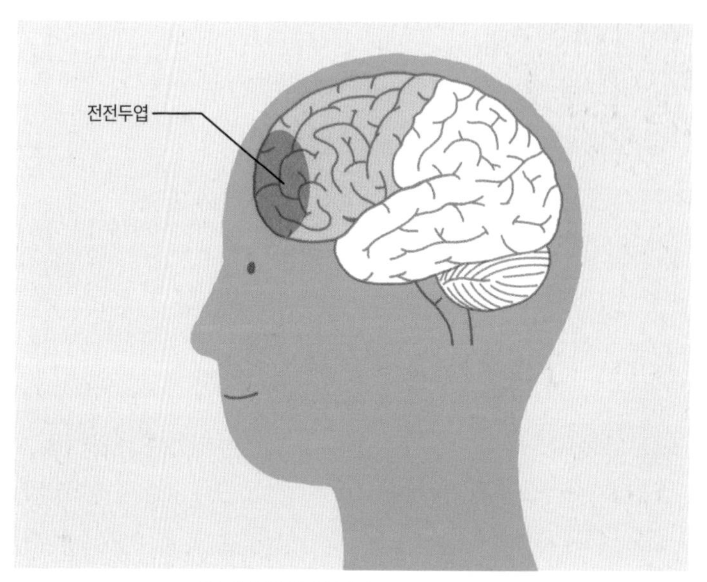

성숙한 뇌에 중요한 역할을 하는 전전두엽

에 자리 잡고 있는 전전두엽은 '두뇌의 CEO'라고 합니다. 회사의 모든 직원은 CEO의 말에 순응하고 따라야 하죠. 그것처럼 두뇌의 모든 부위도 전전두엽의 지령에 따라 일사불란하게 움직여야 합니다. 종합 컨트롤 타워인 셈이죠. 그래서 이 부위가 기능이 떨어지면 전체적인 두뇌 기능이 떨어지고 사고와 행동도 미숙할 수밖에 없습니다. 전전두엽에서 하는 일을 조금 더 구체적으로 살펴볼까요?

- 주의 집중과 몰입
- 체계적이고 분석적인 사고와 문제 해결 능력
- 결과를 예측하고 평가하는 능력
- 미래에 일어날 수 있는 일을 고려해 의사 결정하는 능력
- 전략과 계획을 세우는 능력
- 장기적인 목표와 단기적인 보상 간의 균형을 추구하는 능력
- 주어진 환경이 달라졌을 때 유연하게 대처하는 능력
- 충동을 참고 보상을 기다리는 통제력
- 이성적인 사고를 바탕으로 긴장을 풀어 주는 역할
- 바람직한 방향을 판단하고 행동하는 사고 능력
- 복잡하고 도전적인 상황에 동시다발적으로 대응하는 능력

전전두엽이 하는 일을 보면 꽤 난도가 높습니다. 그렇기 때문에 전전두엽의 기능이 완전히 발달하지 않으면 이러한 일들을 원만하게 수행하기 어렵습니다. 신경질을 자주 내거나 거짓말을 하고 심한 경우 물건을 훔치는 등 사회적 규범에 어긋나는 행동을 하기도 합니다.

중요한 점은 사람의 뇌 부위 중에서 전두엽이 가장 늦게 발달이 끝난다는 겁니다. 평균적으로 25세 정도가 되어서야 발달이 끝나고 늦는 사람은 30세까지도 발달한다고 하네요. 청소년기에

는 당연히 전전두엽이 완벽히 기능을 발휘하지 못합니다. 열심히 전전두엽으로 가는 길을 내고, 잘 쓰지 않는 신경 회로들을 잘라내어 전전두엽으로 연결하는 공사들이 진행되고 있습니다. 그러다 보니 전전두엽으로 들어가는 길이나 나오는 길이 모두 정체를 겪을 수밖에 없습니다. 위에서 언급한 기능들을 충분히 발휘할 수 없게 되는 거죠.

그래서 청소년기에는 몸과 변연계는 이미 충분히 발달했는데 뇌를 전체적으로 제어하는 사령관이 없다 보니 감정이 시키는 대로 행동하는 경우가 많습니다. 예컨대, 시험공부를 안 하면 시험에서 좋지 않은 결과를 받을 것이고, 그렇게 되면 부모님에게 꾸중을 듣고 감정이 상하게 되리라는 것을 알면서도 친구들과 노는 것이 즐거워 공부를 미루는 경우가 있죠.

지금까지 살펴본 것처럼 청소년과 성인의 뇌에는 전전두엽의 발달에 따른 기능에 차이가 있습니다. 단순히 청소년과 성인의 경험 차이 정도로만 알았던 부분조차 그 배경에는 뇌가 관여하고 있는 거죠. 사람의 뇌라는 게 알면 알수록 참 신기하지 않은가요?

4
사춘기가 되면 왜 외모에 관심이 생기는 걸까?

여러분은 혹시 하루에도 몇 번씩 거울 앞에서 자신의 모습을 비춰 보진 않나요? 거울을 보며 얼굴 구석구석에 작은 티라도 있지 않은가 살피기도 하고 갖가지 표정을 지어 보기도 하며, 옷매무새를 다듬고 머리를 매만지는 등 어린아이 때는 하지 않던 행동을 하진 않나요? 특히나 친구를 만나기 위해 외출할 때는 더 오랜 시간 거울 앞에 서 있을지도 모릅니다. 좋아하는 친구라면 더더욱 그렇겠죠. 그래서 얼굴은 물론 머리 스타일이나 입는 옷 등에도 예전과는 달리 아주 많은 신경을 씁니다. 화장을 하거나 교복을 유행하는 대로 고쳐 입고 매서운 칼바람이 부는데도 얇은 코트 하나만 입고 밖으로 나가기도 합니다. 엄마가 사 주는 옷을 입기보다 자신이 좋아하는 옷, 예쁘다고 생각하는 옷을 찾아 입는 등 자신만의 취향을 적극적으로 드러내지요.

사춘기가 되면 왜 멋을 부리는 걸까?

자신의 외모에 관심이 생기는 건 사춘기의 자연스러운 특징 중 하나입니다. 뇌에서 외모를 인식하는 부위가 이 시기에 집중적으로 발달하기 때문입니다. 사춘기가 되면 제일 먼저 일차 시각 피질primary visual cortex이 발달하기 시작합니다.

사람의 뇌에는 시각 정보를 처리하는 부위가 따로 있습니다. 이 부위를 시각 피질이라고 하는데 뒤통수 쪽에 있는 후두엽에 자리 잡고 있습니다. 누군가 갑자기 뒤통수를 세게 치면 눈앞이 캄캄해지면서 반짝이는 별이 보이죠? 바로 시각 피질이 충격을 받아 순간적으로 기능을 잃기 때문입니다. 자칫 잘못하다가는 실명이 되거나 시각 피질의 기능에 이상이 올 수도 있으니 장난으로라도 뒤통수를 세게 쳐서는 안 됩니다.

시각 피질은 여러 개의 층으로 나누어져 있습니다. 그중 가장 기본적으로 시각 정보를 처리하는 영역을 일차 시각 피질이라고 합니다. 사춘기가 되면 이 영역이 크게 발달합니다. 물론 시각은 어린아이 때부터 발달하지만 그 기능이 더욱 섬세해지는 거죠. 마찬가지로 후두엽에 위치한 새 발톱 고랑calcarine fissure이란 부위는 사춘기 초반부터 발달해 시각적 자극에 민감하게 반응합니다. 이 영역이 발달하면서 자연스럽게 자신의 얼굴은 물론 다른 사람의 외모에도 관심이 생기는 거죠.

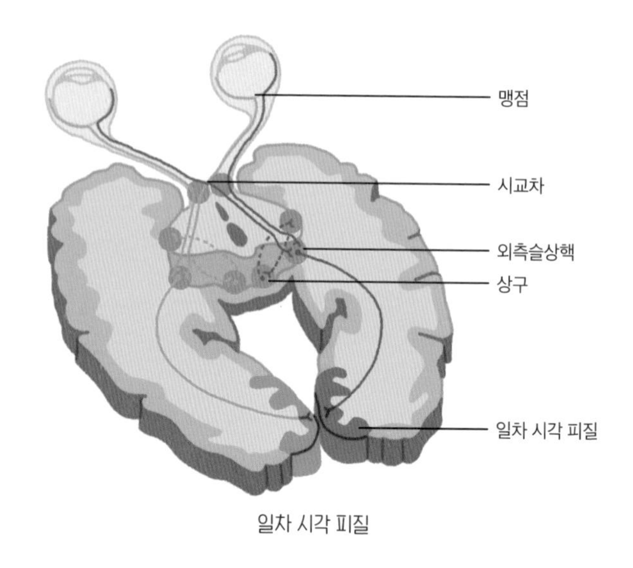

일차 시각 피질

시각을 담당하는 두뇌 부위가 아동기 때보다 정교하게 발달하고 또래 집단과 각종 미디어에서 나오는 시각적 자극에 더욱 예민하게 반응하면서 청소년기에 외모를 가꾸는 시간이 늘어나게 되는 겁니다.

청소년기에 얼굴을 인식하는 능력이 더 좋아진다고?

측두엽과 후두엽 안쪽에는 얼굴 인식을 담당하는 방추형 이랑fusiform gyrus이라는 부위가 있습니다. 방추란 물레에서 쓰는 실을 감는 도구로 가운데가 불룩하게 튀어나왔습니다. 방추처럼 생겼다고 해서 방추형 이랑 또는 방추 상회라고 부릅니다. 방추형 이

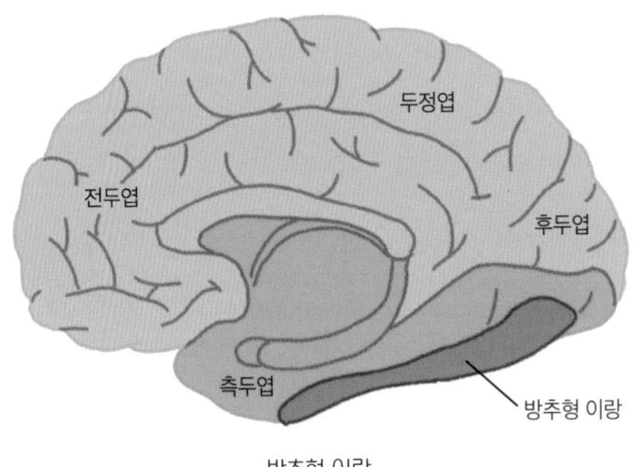

방추형 이랑

랑은 사춘기를 거치며 그 기능이 더욱 발달합니다. 스탠퍼드대학교 연구 팀이 연구한 결과에 따르면 아동기부터 성인기까지 이 영역이 12.6%나 성장한다고 합니다. 방추형 이랑이 손상되면 심각할 경우 부모나 형제와 같이 아주 친한 사람의 얼굴을 알아보지 못할 수도 있습니다.

다른 사람의 얼굴을 단 한 번만 봐도 잊어버리지 않고 기억하는 사람이 있는가 하면 몇 번을 보았어도 잘 기억하지 못하는 사람이 있죠. 방추형 이랑이 잘 발달된 사람은 얼굴을 보고 기억하는 능력이 뛰어나지만 얼굴 인식을 담당하는 부위를 다치거나 선천적인 결함이 있는 사람들은 수차례 반복해서 봐야 얼굴을 익힐 수 있습니다. 이를 '안면 실인증'이라고 합니다.

이 중에서도 방추상 얼굴 영역Fusiform Face Area, FFA이라는 부위는 영어 이름에 'Face'라는 단어가 들어간 것으로 보아 사람의 얼굴을 인식하는 부위라는 것을 짐작할 수 있습니다.

방추상 얼굴 영역은 사람의 표정을 인식하고 그것이 어떤 뜻인지 인지하는 일을 합니다. 그래서 이 부위가 발달하면 사람들의 표정을 보고 그 사람의 기분이 어떤지 감정 상태를 이해할 수 있게 되는 거죠.

청소년기에 뇌의 시각 영역이 더욱 발달한다는 사실을 뒷받침하는 실험을 하나 살펴보겠습니다. 오리건대학교의 연구 팀은 10세 어린이들을 대상으로 기쁨이나 슬픔, 분노 등의 표정이 담긴 사진을 보여 주면서 뇌가 어떻게 반응하는지 관찰했습니다. 그리고 3년 후에 같은 아이들에게 동일한 검사를 반복했습니다. 우리나라 나이로 하면 14세 정도, 즉 사춘기에 접어들었겠죠. 결과를 비교해 보니 전반적인 시각 영역이 3년 전과 비교해서 크게 활성화됐다고 하네요. 어릴 때는 잘 느끼지 못했던 감정 표현을 더욱 세밀하게 알아차리게 됐다는 거죠.

청소년기가 되면 일차 시각 피질과 방추형 이랑이 발달하면서 자신과 타인의 외모를 이전보다 잘 인지하게 됩니다. 그래서 학교와 미디어 등에서 접하는 시각적인 자극을 훨씬 예민하게 받아들이고 자립심도 강해지면서 외적인 부분에 신경을 많이 쓰는 것이죠. 하지만 외모를 가꾸는 데 지나치게 몰입해서 내면의 아름다

외모에 관심을 보이는 청소년

움을 가꾸는 데 소홀해져서는 안 되겠죠? 겉으로 드러난 모습을 아름답게 가꾸는 것만큼 자신의 내면을 잘 들여다보고 아름다운 모습으로 만들어 나간다면 좋을 것 같네요.

2장

사춘기의 뇌를 조종하는 힘

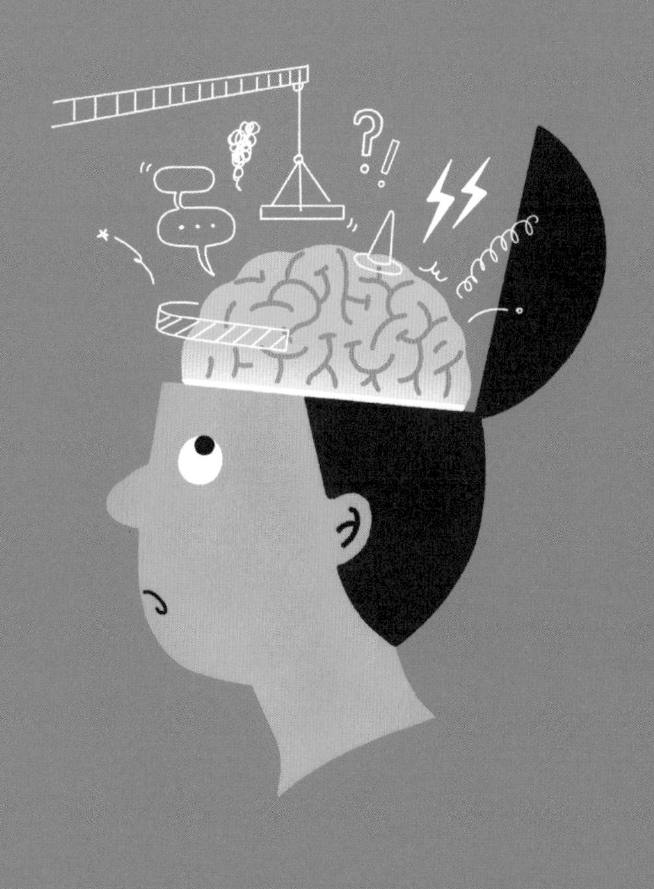

1

왜 다른 아이들을 괴롭히는 걸까?

'빵 셔틀'이나 '담배 셔틀' 같은 말이 있습니다. 힘센 아이들이 힘없는 아이들에게 빵이나 담배를 사 오라고 하는 등 상대방을 마치 몸종 부리듯 다루는 것을 말합니다. 어수룩하고 순진해 보이는 친구들을 교묘하게 이용하여 자신의 욕구를 채우는 것이죠. 그저 재미로 심부름을 시켰을 뿐이라고 변명할 수도 있겠지만 이것도 엄연한 폭력 중 하나입니다. 시키는 사람은 즐거울 수 있을지 몰라도 부림을 당하는 사람 입장에서는 괴롭고 힘들 테니까요. 성인 사이에서도 집단 따돌림이나 폭력이 없는 것은 아니지만 청소년기에 더 빈번하게 일어납니다. 성인이 된 유명인들이 학교 폭력으로 문제가 된 사례만 해도 셀 수 없을 정도입니다.

폭력과 테스토스테론의 관계

동국대학교 조윤호 교수가 서울 시내 청소년을 대상으로 학교 폭력 양상을 조사한 결과, 남학생의 경우 신체적 폭력이 15.3%,

관계적 폭력이 11.3%에 이르는 반면 여학생의 경우 신체적 폭력은 6.0%인 반면에 관계적 폭력은 17.0%나 되었다고 합니다. 신체적 폭력은 물리적인 가해를 뜻하고 관계적 폭력은 '집단 따돌림'이나 '은따' 같은 심리적 고립을 의미합니다. 남학생의 경우 힘을 사용해 상대를 제압하는 경향이, 여학생의 경우 누군가를 집단에서 소외시키는 경향이 강하다는 것이죠.

청소년의 이러한 폭력적 성향은 테스토스테론testosterone의 분비와 관련이 있습니다. 남성 호르몬인 테스토스테론은 여성에게도 분비가 되지만 그 양이 남자들에 비해 1/10 정도로 적습니다. 테스토스테론의 분비가 많은 남학생이 여학생보다 신체적 폭력을 많이 쓰는 것을 알 수 있는데요. 테스토스테론이 폭력과 어떠한 관련이 있는 것일까요?

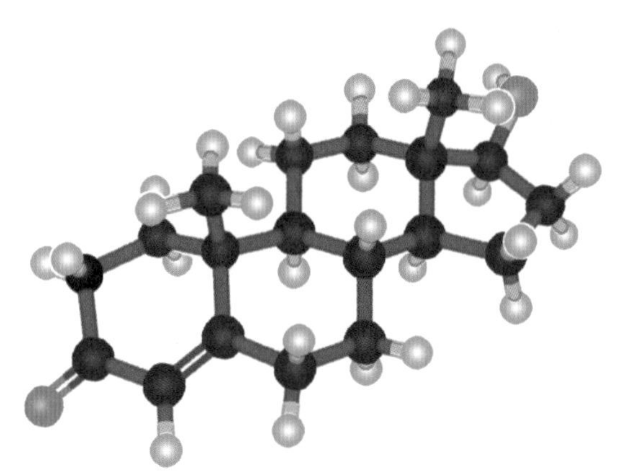

테스토스테론

테스토스테론은 남성적인 신체적 특징을 두드러지게 할 뿐 아니라 자신감이 넘치게 합니다. 목소리가 커지고 겁이 없어지게 되죠. 무언가 새로운 것에 도전하고 승부를 겨루는 일에도 관심이 높아집니다. 남학생이 유독 운동이나 게임을 좋아하는 이유도 이러한 경향을 따르는 것이지요. 성취욕도 높아져서 자신의 힘으로 무언가를 해내고픈 마음도 강해집니다. 무리 안에 서열과 규칙을 만들려는 성향도 커집니다.

하지만 공감 능력은 떨어지게 합니다. 테스토스테론은 자신감이 넘치게 하고 강한 권력 욕구를 느끼게 하지만 필요 이상으로 많아질 경우 그만큼 공감 능력은 줄어듭니다. 공감 능력은 누군가가 처한 상황을 이해하고 그 사람이 느낄 수 있는 감정을 나의 내면에서 재현하는 능력입니다. 인간의 '사회화'에 꼭 필요한 능력이죠.

학교에서 집단 따돌림을 겪는 사람은 학교에 가는 것이 두렵고 자신이 바보 같다고 느낄 수 있으며, 심한 경우 죽고 싶은 마음도 들 것입니다. 이러한 타인의 감정을 헤아릴 수 있다면 단지 힘이 세다는 이유만으로 다른 친구들을 괴롭히지는 않을 겁니다. 하지만 공감 능력이 부족하다면 자기만족을 위해 스스럼없이 나쁜 짓을 일삼을 수도 있겠죠.

여러 환경적인 요인과 유전자에 따른 성격 차이가 있지만 여성이 남성보다 공감 능력이 높은 이유를 이러한 호르몬 차이로도 해석할 수 있습니다.

테스토스테론이 아스퍼거 증후군과 같은 자폐 스펙트럼 장애에 영향을 미친다는 연구 결과도 있습니다. 자폐증을 가진 사람은 타인의 마음을 이해하고 공감하는 능력이 부족한 편입니다. 테스토스테론의 영향으로 그런 경향을 보일 수 있다는 것이죠. 사이코패스도 공감 능력이 부족합니다. 정상인보다 사이코패스는 테스토스테론 수치가 높은데요. 호르몬의 영향으로 높은 공격 성향을 드러냅니다. 무언가에 공감하는 신경 회로에도 이상이 생겨 잔인하게 사람을 죽이면서도 죄책감을 느끼지 못하는 거죠.

서열 욕구를 부채질하는 테스토스테론

또한 힘 있는 자리에 오를수록 테스토스테론 분비가 늘어나는데 그래서 권력을 가진 사람들은 공감 능력이 떨어지는 경우가 많습니다. 그러다 보니 모든 일을 자기중심적으로 생각하고 행동하는 거죠.

집단에는 이러한 테스토스테론의 특징과 함께 서열 욕구가 작용합니다. 모든 동물 세계에는 서열이 존재합니다. 우두머리가 되면 맛있는 먹이를 제일 먼저 배부르게 먹을 수 있고 짝짓기에서도 우선권을 가집니다. 먹지 못해 죽을 가능성도 낮아지고 짝이 없어 자손을 못 만들 위험도 줄어드니 생존과 번식 본능을 충족시키는 측면에서 유리한 입장에 놓이게 되는 거죠.

예시로 닭의 서열 싸움을 들 수 있습니다. 닭장 안에 열 마리의 수탉을 가두면 자기들끼리 치고받으며 열심히 싸웁니다. 누가 제일 힘이 센지 겨루는 거죠. 그렇게 한동안 싸움이 끊이지 않다가 어느 순간 1등부터 10등까지 서열이 정해집니다. 서열 1위 닭은 스트레스를 받거나 화가 나면 자기보다 낮은 서열에 있는 수컷의 벼슬을 부리로 쫄 수 있습니다. 아홉 마리의 닭에게 분풀이할 수 있는 거죠. 서열 5위에 있는 닭은 다시 나머지 다섯 마리의 닭들에게 분풀이를 합니다. 하지만 서열 10위에 있는 닭은 누구에게도 분풀이를 할 수 없어 다른 닭들이 쪼는 것을 고스란히 감당해야 합니다.

이것을 '쪼기 서열'이라고 하는데, 어떤 무리든 높이 올라가면 올라갈수록 유리한 위치에 서게 되는 거죠. 사람도 비슷합니다. 수탉처럼 물리적인 힘을 이용하여 서열 다툼을 벌이지는 않지만 뇌는 아직도 원시 시대의 기본적인 욕구를 따르려고 하는 경향이 있습니다. 무엇보다 살아남아 자손을 남기는 것이 중요하니까요. 그러다 보니 인간 세계의 어떤 조직이든 우두머리와 말단이 있고 인간에게는 권력이나 돈을 많이 가지고 싶어 하는 본능이 있습니다. 그래야만 생존과 번식에서 유리한 위치를 차지할 수 있으니까요.

서열 놀이를 부추기는 테스토스테론

테스토스테론은 이러한 서열 욕구를 부채질합니다. 권력 충동을 일으키는 거죠. 성인과 비교했을 때 남자 청소년의 체내 테스토스테론 수치는 무려 45배나 높습니다. 그래서 테스토스테론 분비량이 많아지는 청소년기에 누군가를 지배하고 복종시키고 싶은 욕구가 강해집니다. 테스토스테론은 과다해질 경우 충동을 일으키고 욕구를 절제하기 어렵게 됩니다. 더군다나 청소년들은 이성적 판단을 내리는 전두엽 공사가 한창 진행 중이어서 욕구 절제가 쉽지 않습니다. 그래서 청소년기에 학교 폭력 같은 안타까운 사건 사고가 많이 일어나는 겁니다. 물론 대다수의 청소년이 자신을 잘 억제하지만 일부 청소년의 경우 자신을 제어할 힘을 잃고 해서는 안 되는 행동을 서슴지 않게 합니다.

중독을 일으키기도 하는 테스토스테론

무서운 것은 테스토스테론이 중독을 일으킬 수 있다는 겁니다. 테스토스테론 수치가 높을수록 쾌감을 느끼는 뇌 영역이 잘 활성화됩니다. 자신의 힘을 이용하여 누군가를 복종시키는 것에 재미를 느끼면 뇌 안에 보상 중추가 활성화되고 기분을 좋게 하는 도파민dopamine과 같은 신경 전달 물질이 만들어집니다. 뇌는 그 행동을 기억해 뒀다가 반복하게 만듭니다. 게다가 중독에는 내성이 따르기 때문에 결국 점점 더 심한 폭력으로 이어질 수 있습니다.

호르몬은 사람에 따라 그 양이 모두 다릅니다. 테스토스테론이 지나치게 많이 분비되는 사람이 있는가 하면 그렇지 않은 사람도 있습니다. 그래서 테스토스테론이 과다해지면 거칠고 폭력적인 성격이 만들어질 수 있고 반대로 그 양이 적으면 고분고분 말을 잘 따르는 수동적인 성격이 될 수도 있습니다. 이런 기질의 차이는 타고난 성격, 성장 환경에서 받은 교육, 주위 사람들의 시선 등 다양한 요인에 의해 나타날 수 있지만 호르몬의 영향도 무시할 수 없습니다.

또래 집단과 함께하는 시간이 많은 청소년기에 호르몬의 변화와 높은 서열에 대한 원시적 욕망이 합쳐지면서 성인기보다 훨씬 충동적이고 과격한 행동을 서슴지 않고 하는 것이죠. 충동을 조절하는 전두엽은 신경 회로가 공사 중이기 때문에 감정에 휩쓸려 행동하기도 쉽고요. 하지만 이러한 이유로 괴롭힘을 정당화할 수는 없겠습니다.

2
습관처럼 욕을 하는 이유는 무엇일까?

KBS에서 205명의 초등학교 5, 6학년 학생들을 대상으로 언어 습관을 조사한 결과 96.6%가 평소에 욕을 한다고 응답했습니다. 다른 조사에서는 청소년 중 오직 4%만 욕을 사용하지 않는다고 대답했습니다. 이 조사 결과에 따르면 거의 대부분의 청소년이 욕을 사용하는 것이라고 할 수 있죠. 그런데 조사에 응한 5, 6학년 학생 중 무려 70% 이상이 욕의 뜻을 모른 채 사용하고 있었습니다. 자신이 사용하는 욕이 어떤 의미인지 알고 사용하는 청소년은 16% 정도에 불과했다고 하네요. 그러니 대부분은 나쁜 의도를 가지고 욕을 하기보다는 습관적으로 욕을 하는 것이라고 봐야 할 것 같습니다. 다행스러우면서도 안타까운 이야기입니다.

욕을 하면 뇌는 어떻게 될까?

보통 욕은 상대방을 모욕할 때 씁니다. 욕은 일반적인 언어에 비해 주파수가 높습니다. 일반적인 말투는 1,000헤르츠(Hz) 정도의 주파수라면 욕설은 3,000~6,000헤르츠 정도 됩니다. 주파수가 높을수록 뇌 안으로 침투하기가 쉬워지겠죠. 그러다 보니 욕을 들으면 교감 신경◆이 자극되고 우리 몸의 흥분 상태를 조절하는 호르몬인 아드레날린adrenaline이 분비됩니다.

심장 박동이 빨라지고 호흡이 거칠어지기 때문에 집중력이 떨어지고 이성적 사고보다는 감정에 사로잡히게 됩니다. 예컨대 운동선수들이 의도적으로 상대 선수에게 욕을 하는 경우가 있습니다. 상대방의 집중력을 떨어뜨려 실수를 유발하기 위함이죠. 친구들과 게임을 할 때 옆에서 약 오르는 말을 하는 경우도 그런 효과를 노린 것이죠. 그 밖에도 상대방의 기를 꺾거나 나쁜 기분을 해소하기 위해 욕을 하기도 합니다. 앞서 통계 결과에서 보았듯 습관적으로 욕을 사용하는 경우도 많습니다. 하지만 욕을 섞어서 하는 말 습관은 평생 갈 수도 있습니다.

뇌 발달을 해치는 욕하는 습관

뇌 안에는 약 1,000억 개의 뇌세포가 있고 이 뇌세포 사이를 연결해 주는 시냅스는 100조 개가 넘게 존재합니다. 시냅스는 세포와 세포 사이를 잇는 다리라고 말할 수 있는데요, 뇌세포 사이

교감 신경 척추의 가슴 부분과 위쪽 허리 부분에서 일어나 내장에 분포하는 신경으로 심장을 강하고 빠르게 수축하게 하고 혈관 수축, 동공 확대 따위의 작용을 한다.

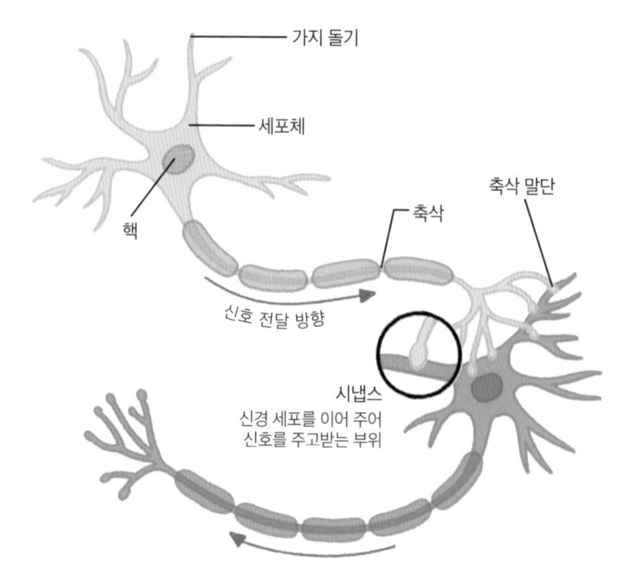

뇌의 신경 세포와 시냅스의 구조

에 자극과 신경 전달 물질을 전달하는 역할을 합니다. 시냅스는 자주 사용하는 신경 회로일수록 단단하게 연결됩니다.

어려서부터 욕을 하는 습관을 들이면 그와 관련된 신경 회로가 강화되고 바르고 고운 말을 사용하는 신경 회로는 상대적으로 약해질 수밖에 없습니다. 이렇게 되면 욕은 습관으로 굳어지고 무의식중에도 욕설이 섞여 나오게 되는 거죠.

어렸을 때부터 욕을 많이 할 경우 언어 능력에도 부정적인 영향을 줍니다. 서울대학교 곽금주 교수가 욕을 자주 하는 아이들과 욕을 자주 하지 않는 아이들을 대상으로 어휘력을 조사한 결과 10회 정도 욕을 한 아이들의 어휘력은 25% 수준인 데 비해 100회 이상 욕을 한 아이들의 어휘력은 19% 정도에 그쳤다고 합니다. 욕을 하면 언어 습관 자체만 나쁘게 바뀔 뿐 아니라 언어 능력에도 지장을 주는 것이죠.

욕은 중독성이 있어 쉽게 고치기 어렵습니다. 마치 담배나 술을 입에 대면 쉽게 끊지 못하는 것처럼 말입니다. 재미있는 말장난 정도로 생각하고 욕을 하는 친구들도 있죠. 하지만 앞서 말했듯이 나쁜 의도 없이 하는 욕도 습관이 되면 고치기 어렵습니다.

욕은 두뇌 발달에도 직접적인 영향을 미칩니다. 〈미국 정신 건강 의학 저널〉에서 발표한 내용에 따르면 중학생 때 친구들로부터 언어폭력을 당한 사람들은 뇌량이 보통 사람들과 달리 쪼그

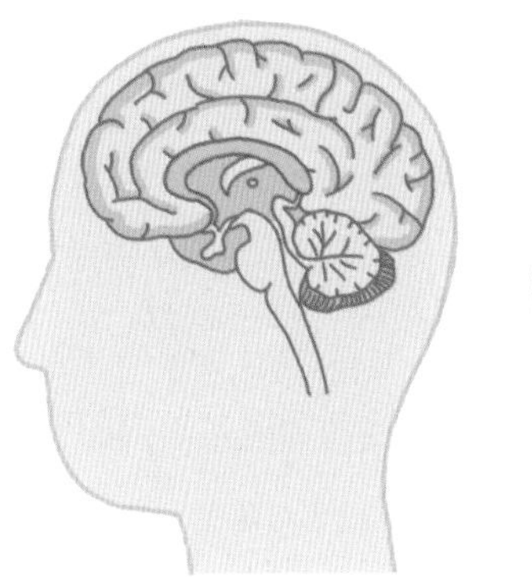
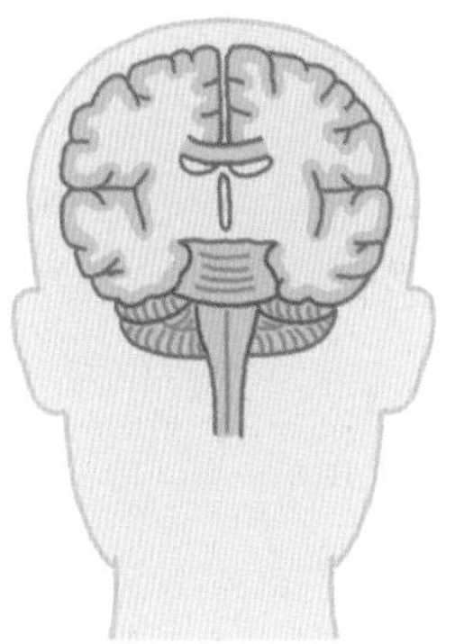

뇌량의 위치

라들어 있었다고 합니다. 뇌는 좌뇌와 우뇌로 나누어져 있습니다. 뇌량은 이 둘을 연결해 줍니다. 그래서 이 부위가 손상되면 좌뇌와 우뇌의 기능이 원활하게 오가지 못해 사회성도 떨어지고 언어 능력에도 지장이 생길 수 있습니다. 또 두뇌 발달이 고르게 이루어지지 않아 성인이 되었을 때 분노와 적대심을 자주 느끼고 우울증을 겪을 가능성이 훨씬 높다고 합니다. 어렸을 때 받은 언어폭력이 성인이 되어서까지 영향을 주는 거죠.

카이스트대학교의 정범석 교수 팀도 언어폭력에 관한 연구를 진행했는데요, 영상 촬영 장비를 이용해 언어폭력을 당한 고등학생 1학년 29명의 두뇌를 관찰한 결과 해마의 크기가 보통 학생들에 비해 상대적으로 작고 신경 회로의 발달도 늦었다고 합니다. 스트레스 호르몬인 코르티솔cortisol이 지나치게 많이 나와 해마를 공격하면서 해마가 축소되었기 때문입니다. 해마는 기억을 저장하는 데 중요한 역할을 하기 때문에 해마가 쪼그라들면 학업적인 측면에서도 어려움을 겪을 수 있습니다.

또한 해마의 기능이 떨어지면 쉽게 불안해지고 정상인들에 비해 우울증이 나타날 확률이 2배 이상 높다고 합니다. 그래서 해마가 다칠 경우 각종 정신 질환에 시달릴 가능성도 있습니다. 실제로 어린 시절 부모에게 언어폭력을 당한 경험이 있는 사람들을 대상으로 한 연구에서는 우울증이나 환각 증세, 그리고 다중 인격 장애 등의 증상을 보인 사람들도 있었다고 합니다.

욕은 하는 사람에게도 좋지 않다고?

놀랍게도 욕은 듣는 사람뿐만 아니라 하는 사람에게도 안 좋은 영향을 줍니다. 욕을 하려면 먼저 머릿속에서 그 말을 떠올려야 하고, 입과 혀 등을 움직여 그것을 소리로 만들어 내야 하며, 자신이 하는 욕설을 자신이 들어야만 합니다. 누군가에게 날카로운 가시를 던지려고 손에 잡고 있으면 그 가시가 자신의 손을 찌르게 마련입니다. 욕을 하는 사람도, 욕을 듣는 사람도 두뇌에 좋지 않은 영향을 받는다는 겁니다.

하버드대학교의 마틴 타이처 교수가 어려서부터 언어폭력을 당한 성인들을 대상으로 조사한 결과에 따르면 어린 시절에 언어폭력을 당한 성인들은 청각 자극을 받아들이고 말의 톤을 이해하는 부위의 회백질이 상대적으로 적었다고 합니다. 이는 어감을 이해하는 신경 세포가 많지 않다는 말입니다. 말은 상황과 어조에 따라 담고 있는 의미가 달라서 그것을 정확히 파악하지 못하게 되면 엉뚱한 행동을 하거나 눈치 없는 사람이 될 수 있습니다. 그럴 경우 다른 사람들과 어울려 원만하게 사회생활을 해 나가기가 어렵겠죠.

오랜 기간 동안 욕설에 노출된 사람들은 전두엽마저 다른 사람들에 비해 쪼그라들어 있었다고 합니다. 전두엽은 두뇌의 컨트롤 타워 역할을 하는 부위입니다. 특히 전두엽의 가장 앞부분에 자리한 전전두엽은 감정을 조절하고 판단과 결정을 내리는 뇌의 핵심 부위입니다. 이 부위가 쪼그라들었다는 것은 인간의 사고 능력에서 중심적인 역할을 하는 뇌 부위가 제 기능을 제대로 발휘하지 못한다는 것을 의미합니다. 이럴 경우 변연계에서 올라오는 감정을 억누르고 자신을 통제할 힘을 잃어버릴 수 있습니다. 문제가 생겼을 때 그것을 올바로 해결할 수 있는 판단력이 제대로 서지 않고, 계획을 세워 실행하는 등의 체계적인 일을 하기도 어렵고요. 무언가에 집중하여 바람직한 결과를 만들어 내기도 힘듭니다. 이렇게 되면 그 사람의 삶의 질은 다른 사람들에 비해 훨씬 나빠질 수 있는 것이죠.

욕설이 언어 중추에 영향을 미친다는 연구 결과도 있습니다. 사람의 뇌에는 두 가지 기능의 언어 중추가 있습니다. 하나는 브로카 영역Broca's area이고 다른 하나는 베르니케 영역Wernicke's area입니다. 어린 시절에 부모로부터 언어폭력을 당한 사람들은 브로카 영역과 베르니케 영역의 기능이 손상될 가능성이 높다고 합니다.

브로카 영역은 좌측 전두엽 하단에 자리 잡고 있는데 생각을 또렷하게 말로 표현할 수 있도록 도와줍니다. 이 영역이 손상되면 말을 알아들을 수는 있지만 제대로 된 문장으로 말을 만들어 낼 수 없습니다. 베르니케 영역은 좌측 측두엽에 자리 잡고 있는

언어 중추에 손상이 있을 때 생길 수 있는 실어증

데, 문맥에 따라 올바른 뜻의 단어를 사용해 말이나 글을 논리적으로 할 수 있게 도와줍니다. 이 영역에 이상이 생기면 말을 장황하게 하지만 앞뒤가 안 맞거나 무슨 말인지 알 수 없는 의미 없는 말을 늘어놓게 됩니다.

언어 중추의 두 영역이 서로 협업하여 다른 사람의 말을 알아듣고 내가 하고 싶은 말을 정확한 발음으로 전달하게 해 주는데요, 언어폭력은 이 언어 중추에도 손상을 일으킬 수 있다는 겁니다. 결국 말을 하거나 말을 알아듣는 기능 모두 이상이 생기니 대인 관계가 원활하게 이루어질 수 없겠죠.

이러한 결과들은 놀랍게도 육체적 학대나 성폭력을 당했을 때 나타나는 변화와 거의 일치한다고 합니다. 즉 말로 상처를 주는 것도 폭력을 쓰는 것과 다를 바 없다는 겁니다.

중요한 것은 생각 없이 한 욕설이 듣는 사람뿐 아니라 하는 사람의 뇌에도 심각한 영향을 줄 수 있다는 겁니다. 그러니 앞으로는 나를 위해서라도 의식적으로 좋은 말을 쓰려고 노력하는 게 어떨까요?

3

친구를 '왕따'시켜도 괜찮을까?

'인싸'와 '아싸'라는 말이 있습니다. '인싸' 중에서도 유난히 활동성이 높고 적극적인 사람을 '핵인싸'라고도 하죠. '인싸'나 '아싸' 같은 신조어가 있다는 것은 어떤 무리든 쉽게 무리에 어울리는 사람이 있는 반면 무리에 속하지 못하고 주변을 뱅뱅 맴도는 사람도 있다는 것을 나타내는 게 아닐까요? 한편으로는 사람들이 편 가르기를 좋아한다는 것을 뜻할 수도 있습니다.

편 가르기가 나쁘게 보일 수 있겠지만 사람은 기본적으로 편을 가르려고 하는 속성이 있습니다. 가장 큰 이유 중의 하나는 무리의 수가 너무 커지면 관리하기 힘들기 때문입니다. 수가 적을 때는 통제가 잘 되고 관리가 수월하지만 그 수가 너무 많아지면 통제에서 벗어나는 개체들이 생겨나고 관리에 어려움을 겪을 수밖에 없습니다. 그래서 적정한 수준의 규모를 유지하려고 하다 보니 집단에 소속된 사람과 그렇지 못한 사람이 생기는 거죠.

편 가르기는 인간의 본능인 걸까?

진화 심리학에 따르면 인류는 전염병의 위험성 때문에 외부인들을 배척해 왔다고 합니다. 한 지역에 오래 거주한 사람들의 입장에서는 기후나 풍토가 다른 곳에서 온 외지인이 알 수 없는 전염병을 옮길 가능성이 있기 때문에 경계하는 마음이 생길 수밖에 없고 그것이 텃세로 나타나는 것이라고 합니다. 이렇듯 인간의 본성은 무리를 짓고 편을 가르는 것을 좋아합니다. 생존의 본능에 따라 자연스럽게 나타날 수 있는 현상이죠.

이러한 진화론적 이유와 더불어 비슷한 신경 회로를 가진 사람들과 더 많이 어울리려고 하는 뇌와 또래 집단과 똑같은 말과 행동을 함으로써 소속감을 느끼고 싶은 사춘기의 특성 등이 혼합되어 청소년기에 따돌림 문제가 많이 발생합니다. 나와 말이 잘 통하고 취향도 비슷하면 같이 어울리는 것이 재미있지만 그렇지 않은 경우에는 지루하고 재미가 없죠. 그래서 되도록 말이 잘 통하는 사람과 어울리고 그렇지 않은 사람은 멀리하려고 합니다.

문제는 청소년기의 편 가르기가 노골적이라는 데 있습니다. 성인의 경우에도 편 가르기 때문에 직장에서의 집단 따돌림이 문제가 되는 경우가 있습니다. 그렇지만 대부분의 경우는 누군가가 싫어도 가급적이면 티를 안 내려고 합니다. 어쩔 수 없이 같이 일을 하고 협조해서 성과를 만들어 내야만 하니까요. 하지만 청소년의 경우 이성보다는 감정의 지배를 많이 받다 보니 싫고 좋음을 직설적으로 드러내는 일이 많습니다. 그래서 마음에 들지 않는 아이가 있다고 하면 대놓고 배척하려는 성향을 보입니다.

인간의 '사회화'된 뇌

하지만 인간은 사회적인 동물입니다. 결코 혼자 살아갈 수 없죠. 야생 동물과는 달리 인간은 자연에서 홀로 생존할 수 있는 공격적인 무기를 갖추지 못했습니다. 곰이나 호랑이와 대적할 만큼 덩치가 크거나 힘이 세지도 않고 날카로운 이빨이나 발톱도 없습니다. 그래서 야생에서 살아남기 위해 '사회화'를 진화의 도구로 선택했습니다. 개인적인 공격력을 키우기보다는 다른 사람들과의 협동과 공존을 통해 생존 능력을 극대화하는 방식을 선택한 거죠. 그렇기 때문에 인간은 다른 사람을 떠나서는 살아남기 어렵습니다.

인간의 뇌도 그에 적합하게 발달해 왔습니다. 신경 과학자들의 말에 따르면 인간의 뇌에는 사회적 네트워크가 갖추어져 있다고 합니다. 일반적으로 동물들은 몸 크기에 비례한 크기의 뇌를 가지고 있습니다. 강아지나 고양이의 뇌에 비해 코끼리나 고래의 뇌는 훨씬 큽니다. 그런데 인간은 몸을 지탱하기 위해 필요한 것보다 더 크고 에너지를 많이 사용하는 뇌를 가지고 있습니다. 이를

'대뇌화'라고 하는데, 사회적 관계를 원활히 유지하기 위해 인간의 뇌가 커진 것이라 주장하는 신경 과학자들도 있습니다. 동물들은 복잡한 의사소통이 필요 없기 때문에 뇌가 그렇게 클 필요가 없지만 인간은 다른 사람들과 어울리며 원만한 관계를 유지해야만 환경에 적응할 수 있기 때문에 다른 동물에겐 필요 없는 기능까지 갖추게 되었고 이에 따라 뇌가 커졌다는 얘깁니다.

브리검영대학교의 연구진이 사회 활동과 수명의 상관관계를 연구한 결과에 따르면 사회적으로 고립된 사람일수록 활발하게 인간관계를 맺은 사람에 비해 일찍 사망할 확률이 50%나 높았다고 합니다. 외로운 사람일수록 일찍 죽을 확률이 높다는 거죠.

연구진에 따르면 다른 사람과의 관계가 적은 것은 알코올 중독자가 되는 것만큼이나 나쁜 영향을 미치고 운동을 하지 않거나 비만 상태에 있는 것보다도 훨씬 안 좋다고 합니다. 외톨이 생활은 하루에 담배를 15개비씩 피는 것만큼이나 나쁘다고도 합니다. 그만큼 주위 사람들과의 교류가 적은 사람들은 건강을 잃을 가능성이 높습니다.

육체적 폭력만큼 고통을 주는 따돌림

누군가에게 육체적인 폭력을 가하는 것은 나쁜 행동이라고 하는 사람들도 무의식중에 마음에 안 드는 친구를 따돌리고 멀리하는 경우가 있죠. 상대방은 그 순간에 육체적 통증에 맞먹는 심리적 통증을 느낍니다. 즉 사회적 네트워크를 갖춘 인간의 뇌는 소외감을 느낄 때 육체적인 고통과 맞먹을 정도의 스트레스를 받는다는 것이죠.

2013년에 개봉한 〈우아한 거짓말〉이라는 영화가 있습니다. 마트에서 일하며 홀로 생계를 책임지는 엄마와 고등학생 언니를 뒤로 한 채 여중생 천지가 자살합니다. 그 이유는 바로 친구들의 따돌림 때문이었습니다. 천지는 죽기 전에 언니 만지에게 힘들다는 말을 남겼습니다. 천지가 죽고 난 후에야 만지는 겨우 동생의 말

사회적 네트워크에 많은 영향을 받는 인간의 뇌

을 떠올리며 그 말을 귀 기울여 듣지 않은 걸 후회합니다.

따돌림은 이렇듯 소속감에 대한 상실을 일으키면서 외로움과 우울증을 불러올 수도 있고 심하면 자살로도 이어질 수 있습니다. 이성적 사고보다 감정에 더욱 충실한 청소년기에는 누군가를 따돌리는 경우가 많습니다. 하지만 육체적인 폭력이 나쁜 행동인 것처럼 누군가가 마음에 들지 않는다고 의도적으로 그 사람을 무리에서 배제하는 것 또한 나쁜 행위라는 것을 인식할 필요가 있습니다.

4

거짓말을 하거나 험담을 하는 이유는 무엇일까?

여러분 주위에 일부러 과장되게 이야기를 부풀리거나 없는 얘기를 꾸며 내서 사실처럼 말하는 친구가 있나요? 이 친구들은 무슨 말을 해도 잘 신뢰가 가지 않죠. 거짓말이라는 것이 탄로 날 게 뻔한데도 왜 거짓말을 하는 걸까요? 이것도 뇌와 관련이 있을까요? '거짓말 좀 하는 게 대수겠어?'라고 생각할 수 있지만 놀랍게도 〈정신 질환의 진단 및 통계 편람〉이라는 책에서는 거짓말을 정신 질환 및 나르시시즘과 관련된 인격 장애의 증상으로 보고 있습니다. 나르시시즘이란 연못에 비친 자신과 사랑에 빠져 죽음에 이르게 된 나르키소스처럼 자기 자신에게 애착하는 성격 또는 행동을 일컫는 말입니다. 거짓말이 큰 문제 될 것 없다고 생각할 수도 있지만 정신 질환으로 분류가 된다고 하니 섬뜩한 생각마저 드네요.

우리 뇌가 거짓말을 하는 이유

거짓말을 하는 이유는 여러 가지가 있습니다. 무언가 잘못한 것이 있어 꾸지람을 듣거나 불이익을 받을 것이 예상되면 뇌 안에 감정 중추를 이루고 있는 편도체가 활성화되고 공포와 두려움을 느끼게 됩니다. 뇌는 이러한 스트레스 상황을 벗어나기 위해 거짓된 상황을 만들어 냅니다. 나르시시즘 증상처럼 자신을 뛰어난 사람처럼 보이게 하려고 하거나 자신의 콤플렉스를 가리기 위해서도 거짓말을 합니다. 그 밖에 불치병에 걸린 환자를 안심시키기 위해 하는 선의의 거짓말도 있습니다. 이렇듯 사람들은 다양한 상황에서 여러 가지 이유로 거짓말을 합니다. 이러한 거짓말 중에서도 자신의 지위감을 높이기 위해 하는 거짓말은 타인에게 상처를 줄 수 있습니다. 낮은 자존감과 자격지심, 열등감 때문에 하는 거짓말은 상대방을 깎아내리고 나의 존재를 과시함으로써 심리

연못에 비친 자신의 모습과 사랑에 빠진 나르키소스 (출처: 위키미디어커먼스)

적 서열감을 높이기 때문입니다. 문제는 이러한 거짓말은 쉽게 고치기 어렵다는 겁니다.

지위감, 내가 쓸모 있는 존재라는 믿음

사람에게는 돈이나 직장에서의 직급과 같이 눈에 보이는 서열 외에 심리적인 서열이 있습니다. 예를 들어 같은 반에 전교 1등을 하는 친구와 전교 꼴등을 하는 친구가 있다고 해 보죠. 공부를 못하는 친구는 공부를 잘하는 친구 앞에서 왠지 기가 죽습니다. 마음속으로 자신이 공부를 잘하는 친구보다 못하다고 생각하기 때문인데 이것이 바로 심리적 서열입니다.

이 심리적 서열을 다른 말로 지위감이라고 할 수 있습니다. 자존감은 자기 내면에서 자신을 가치 있는 존재라고 여기는 마음이고 지위감은 외부적인 요인에 의해 자기가 가치 있다고 느껴지는 마음입니다. 예를 들어 학급에서 어떤 행사를 하게 되었는데 거기에서 여러분이 중요한 역할을 맡아 일을 무사히 마칠 수 있었다고 해 보죠. 행사가 끝난 후 선생님이 다가와서 "수고했어. 네가 큰일을 맡아 준 덕분에 행사를 잘 끝낼 수 있었어. 고마워." 하고 말한다면 그때 기분이 어떨까요? 단순히 칭찬을 받았을 때보다 훨씬 뿌듯한 감정을 느끼지 않을까요? 내가 반에서 쓸모 있는 존재구나 하는 느낌을 받을 겁니다. 단순히 물리적인 지위가 아니라 심리적으로 높은 위치에 있다고 여기는 마음, 그것이 지위감인 겁니다.

인간의 뇌는 인정받고 싶어 한다

지위감은 인간에게 아주 중요한 요소 중 하나입니다. 지위감이 위협받으면 스트레스 호르몬이 급증하고 편도체가 있는 변연계로 에너지가 집중되면서 불안과 두려움에 시달리게 됩니다. 지위감이 높아지면 행복 호르몬인 도파민과 세로토닌 분비가 왕성해지고 코르티솔 수치는 현저히 낮아집니다. 남성 호르몬이라 불리는 테스토스테론의 분비도 늘어나 강한 자신감을 드러냅니다. 런던대학교의 마이클 마멋이라는 학자에 따르면 인간의 수명을 결정짓는 요소는 돈이나 교육 같은 것이 아니라 지위감이라고 합니다. 그만큼 삶에 중요한 요소라는 것이겠죠.

미국의 심리학자인 매슬로가 주장한 욕구 층계설에서 가장 아래에 있는 욕구는 의, 식, 주와 같은 생리적 욕구입니다. 먹고, 입고, 자는 것이 생존에 무엇보다 중요한 요소이기 때문에 이것이 충족되지 않으면 인간답게 살 수 없습니다. 이 욕구가 충족된 후에는 자신의 몸을 안전하게 지키고 싶은 욕구가 생깁니다. 이를 안전 욕구라고 합니다. 생리적 욕구와 안전 욕구는 채워지지 않으면 생존하는데 위협 요소가 될 수 있기 때문에 결핍 욕구라고도 부릅니다.

앞서 설명한 지위감은 존경 욕구로 분류할 수 있는데요, 생리적 욕구나 안전 욕구처럼 생존에 직접적인 영향을 주지는 않지만 자신의 능력을 인정받고 싶어 하는 욕구는 인간에게 그만큼이나 중요하기 때문에 결핍 욕구로 분류됩니다. 누군가로부터 하찮은 존재라고 여겨지고 무시당하면 삶이 즐거울까요? 그래서 지위감의 상승은 돈보다 강력한 보상 효과가 있다고 합니다.

하지만 스스로 지위감을 느끼기 어려운 경우, 뇌는 그 사실을

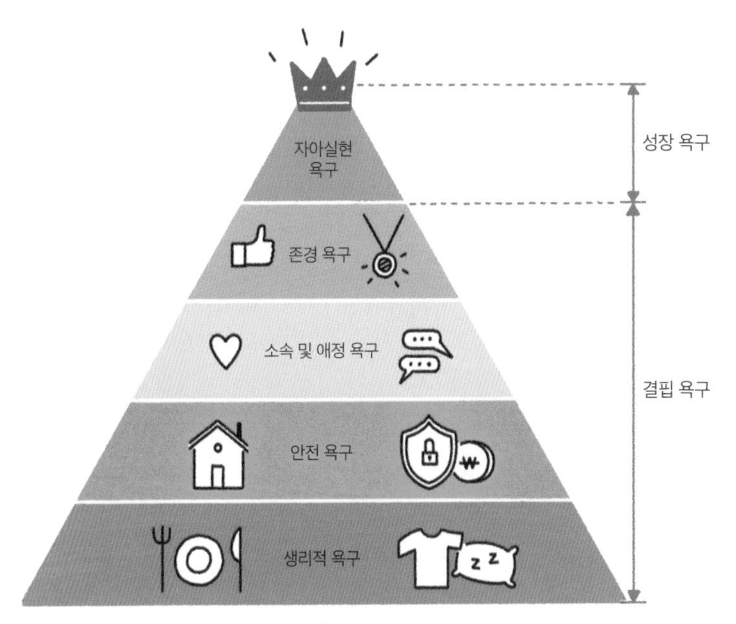

매슬로의 욕구 층계론

받아들이고 싶어 하지 않습니다. 그래서 지위감을 높일 수 있는 방법을 찾습니다. 때로는 자신의 능력을 키우지 않고 누군가를 깎아내림으로써 그 수준을 낮춰 지위감을 올리려고 합니다. 내가 올라갈 수는 없지만 누군가를 깎아내리면 적어도 나와 같은 수준으로는 맞출 수 있으니까요. 누군가를 헐뜯으면서 심리적 서열의 손실에 보상을 느끼는 겁니다.

험담을 하면 우리의 뇌는 어떤 반응을 보일까?

험담을 하면 지위감을 느낄 때와 동일하게 세로토닌의 수치가 높아지고 코르티솔 수치는 낮아집니다. 스트레스가 확 날아가는 느낌이 들고 행복해집니다.

또한 비슷한 처지에 있는 친구들끼리 누군가를 헐뜯으며 맞장구를 치다 보면 유대감이 형성되어 관계 호르몬이라고 하는 옥시토신oxytocin 분비가 늘어나고 평화로운 감정을 느낄 수 있게 됩니다. 스트레스는 줄고 기분은 좋아지니 험담이 멈추지 않는 것인데 결국 거짓말도 험담도 지위감을 높이기 위해 우리 뇌가 대응하는 하나의 방식이라 할 수 있는 거죠.

지위감을 높이기 위해서는 어떻게 해야 할까?

지위감을 높이기 위해 하는 거짓말과 험담은 결국 자신에게도 피해를 줍니다. 남을 헐뜯는 거짓말은 스스로에 대한 자신감이 결여될 때 많이 발생합니다. 그러나 하루아침에 없던 자신감이 생길 수는 없습니다. 심리적인 오류는 많은 노력을 해야만 바로잡을 수 있기 때문이죠. 스스로에 대한 확신과 자신감이 없는 한 거짓말과 험담으로 올린 지위감은 금방 무너질 수밖에 없습니다.

길게 내다보면 거짓말은 또 다른 거짓말을 낳을 수밖에 없고 남을 헐뜯는 버릇도 습관으로 굳어질 수 있습니다. 그러니 열등감과 자격지심 때문에 타인을 험담하거나 거짓말로 자신을 포장하기보다 자신의 부족한 점을 인정하고 객관적으로 자신을 바라보는 것이 중요합니다.

3장

공부하는 뇌의 비밀

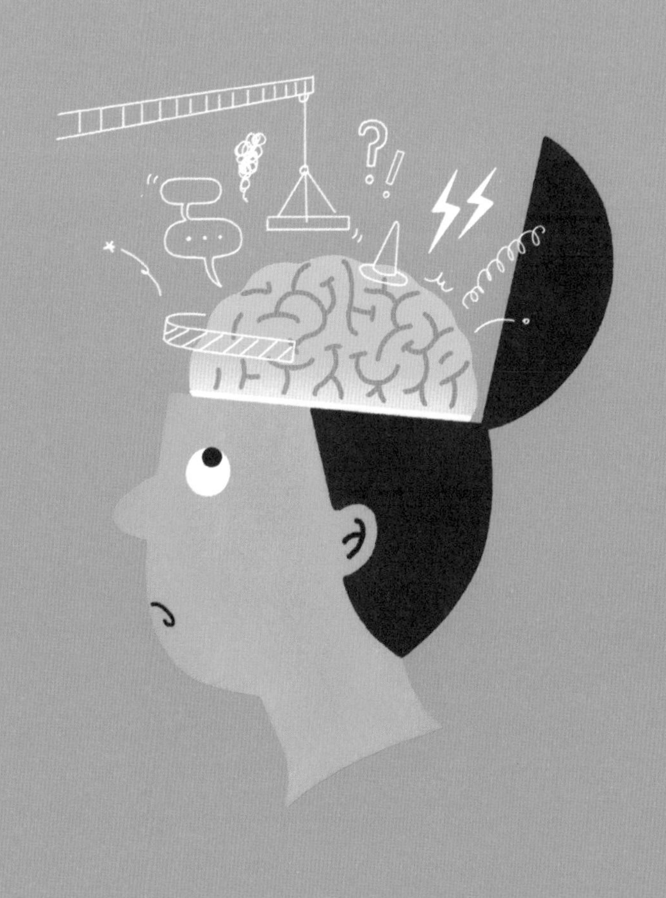

1

전교 1등과 꼴등의 뇌는 다를까?

사람마다 지문이나 홍채가 다르듯 학업 성적도 모두 다릅니다. 모든 사람이 동일한 내용을 배우고 동일한 결과를 내면 좋으련만, 똑같은 정보를 입력해도 출력은 늘 다르게 마련입니다. 누구는 공부를 잘하는가 하면 누구는 공부를 못하죠. 왜 똑같은 내용을 똑같은 선생님에게 배우는데 누구는 전교 1등이 되고 누구는 전교 꼴등이 되는 걸까요? 전교 1등과 꼴등의 뇌가 다르기라도 한 것일까요? 이 질문에 대한 대답은 '그렇다.'이기도 하고 '아니다.'이기도 합니다. 성적에 영향을 미치는 것은 뇌 자체만이 아니라 뇌를 활용하는 능력과도 연관이 있기 때문이죠. 선천적으로 두뇌가 좋아서 공부를 잘하는 사람도 있지만 좋은 머리를 가지고 태어나도 노력을 게을리하여 공부를 못하는 사람도 있습니다. 두뇌는 평범하지만 죽기 살기로 노력해서 우수한 성적을 거두는 사람도 있습니다. 그러니 공부를 잘하고 못하는 것은 전적으로 뇌에 의해 결정된다고 단정 지을 수만은 없겠죠.

공부 잘하는 뇌는 타고나는 것일까?

뇌는 선천적인 영향과 후천적인 영향을 같이 받습니다. 선천적이라고 하면 유전에 의해 타고난 것을 말하겠죠. 우수한 유전자를 가진 부모님에게 좋은 유전자를 물려받으면 뛰어난 두뇌를 가질 수 있습니다. 보통 IQ가 120을 넘어가면 영재라고 하는데 이런 좋은 머리는 타고나는 경우가 많습니다. 후천적인 영향은 태어난 이후 성장 환경에서 받는 영향을 말합니다. 태아는 10개월 만에 엄마 배에서 나와야 하기 때문에 뇌가 채 발달하지 못한 상태로 태어납니다. 나머지는 성인이 될 때까지 발달이 이루어지죠.

그러다 보니 성장 과정에서 어떠한 영향을 받는지에 따라 뇌도 천차만별입니다. 똑같은 나무라도 세찬 바닷바람을 맞으며 자란 나무는 단단한 줄기를 갖추고 강한 비바람 속에서도 꿋꿋하게 버팁니다. 반면에 온실 안에서 곱게 자란 나무는 조금만 환경이 변해도 견디지 못하고 죽고 맙니다. 뇌도 마찬가지입니다. 선천적인 요소와 후천적인 요소가 합쳐져 뇌의 기능을 결정하는데 어느 쪽이 우세한지는 사람마다 달라질 수 있습니다.

천재는 부모의 우월한 유전자를 물려받아 선천적으로 좋은 두뇌를 가지고 태어납니다. 살리에리가 아무리 노력해도 음악 천재 모차르트를 이길 수 없었던 것처럼 유전적인 요인은 중요한데요. 최근 유전자 연구에 따르면 2018년까지 밝혀진 지능 관련 유전자는 1,000개가 넘는다고 합니다. 꽤 많은 수의 유전자가 지능과 연관된 것이죠.

지금까지 알려진 지능 유전자들은 모두 몸 곳곳에 여러 갈래의 신경 세포를 깔고 시냅스를 만드는 데에 관여한다고 합니다. 시냅스는 신경 정보가 전달되는 신경 경로, 즉 신경 회로를 구성하는 마디로 결국 지능 유전자는 뇌세포 간의 연결을 원활하게 하는 것과 관련이 있다고 할 수 있습니다. 좋은 유전자를 물려받은 사람은 더욱 정교하고 많은 신경 회로를 가지게 되고 두뇌의 모든 부위가 고르게 연결되어 그만큼 두뇌 기능을 잘 활용할 수 있게 되는 거죠. 두뇌의 모든 부위를 구성하는 신경 세포의 밀도도 높아 신경 활동이 활발히 일어나고 신경 회로의 성능도 뛰어납니다.

그러나 뇌의 기능이 반드시 선천적인 요인에 의해 결정되지만은 않습니다. 사람은 태어나고 자라는 과정에서 많은 자극을 받습니다. 어떤 환경에서 자랐느냐에 따라 선천적으로 좋은 두뇌의 기능이 더욱 강화될 수도 있고 반대로 약화될 수도 있는 거죠. 예컨대 교육에 관심이 많은 가정 환경에서 다양한 학습 활동을 경험한 아이들은 커서도 두뇌의 기능을 발휘하기가 쉬워집니다.

뇌의 기능은 선천적인 요인과 후천적인 요인이 결합되어 최종적으로 결정되는데 그 비율은 신경 과학자들 사이에서도 의견이 분분합니다. 전교 1등의 두뇌는 아무래도 좋은 유전자로 인해 태어날 때부터 좋을 가능성이 높은 것이고, 반대로 전교 꼴등의 뇌는 좋지 못한 유전자로 인해 태어날 때부터 다소 기능이 떨어질 가능성이 있다고도 할 수 있겠죠. 하지만 장담할 수는 없습니다. 후천적으로 두뇌 발달에 영향을 미치는 요인은 무척 다양하기 때문입니다.

두뇌 발달에 영향을 미치는 환경

뇌가 존재하는 이유를 한마디로 하면 자극을 처리하기 위해서입니다. 즉 몸의 내부와 외부에서 전해지는 자극을 받아들여 그에 적절한 반응을 만들어 내는 것이 뇌의 가장 중요한 기능입니다. 멋진 풍경을 보고 감탄하거나 사진을 찍는 것은 시각적 자극에 반응하는 것이죠. 맛있는 음식을 먹고 기분이 좋아지는 것은 미각적 자극에 반응하는 겁니다. 누군가의 말을 듣고 그에 대꾸하는 것은 청각적 자극에 반응하는 것이고 뜨거운 불에 데어 통증을 느끼고 약을 바르는 것은 촉각적인 자극에 반응하는 겁니다. 무언가를 생각하고 행동하는 것 역시 주어진 자극에 반응하는 과정이라고 할 수 있습니다.

그렇기 때문에 뇌의 기능은 자극이 풍부한 환경에서 더욱 잘 발휘됩니다. 인간의 뇌는 태어나서 성인이 될 때까지 지속적으로 발달하는데 이 과정에서 끊임없이 자극받고 반응합니다. 자극을 많이 받을수록 뇌의 다양한 부위가 고르게 발달할 수 있는 거죠. 자극을 적게 받은 뇌일수록 발달이 늦어지거나 부족해질 수 있는 것이고요.

어릴 때 시각이나 청각적 자극을 줄 수 있는 장난감을 사 주거나 촉각 발달에 영향을 줄 수 있는 밀가루 촉감 놀이를 많이 하는 것도 다양한 자극을 줌으로써 그에 반응하는 두뇌 발달을 돕기 위해서입니다.

신경 과학 분야에서 유명한 과학자 중 한 사람인 맥길대학교의 도널드 헵 박사는 1945년 어느 날, 아주 중요한 발견을 합니다. 퇴근길에 연구실에서 실험용으로 쓰던 쥐 몇 마리를 가방에 넣어 집으로 돌아간 헵 박사는 자녀들에게 잠시 동안 쥐를 키우게 할 셈이었습니다. 쥐는 헵 박사의 자녀들과 함께 지내며 풍부한 먹이를 받아먹고, 쳇바퀴가 있는 우리에서 원하는 만큼 달리기를 할 수 있었으며 친구들과도 함께 어울려 지냈습니다. 그렇게 일정 기간이 지난 후 헵 박사는 다시 그 쥐들을 실험실로 데려가 학습 능력을 측정하는 미로 실험에 활용했습니다. 미로에 집어넣고 출구를 찾아 탈출하는 데까지 걸린 시간을 측정하는 실험이었죠.

그 결과, 헵 박사의 집에서 아이들과 함께 생활한 쥐들의 성적이 실험실의 밀폐된 공간에 갇혀 있던 쥐들에 비해 훨씬 높았다고 합니다. 이에 대해 헵 박사는 다른 쥐와 어울린 경험, 아이들과의 만남 등 다양한 자극이 쥐의 뇌를 활성화하여 학습 능력을 높여 주었다고 결론을 내렸습니다.

비슷한 연구 결과도 있는데요, 1960년대에 버클리대학교의 마르크 로젠츠바이크 연구 팀이 여러 마리의 쥐들이 함께 어울려 지낼 수 있는 공간을 마련해 주고 성장 과정을 관찰하는 실험을 했습니다. 그곳에는 사다리나 쳇바퀴, 공과 같은 다양한 운동 시설과 장난감이 있었습니다. 두 달이 지난 후 이 우리에 있던 쥐들의 뇌를 해부해 보았더니 친구도 없고 운동 시설이나 장난감도 없는 텅 빈 우리에서 지낸 쥐들에 비해 대뇌 피질의 부피가 7~10% 정도 증가했습니다. 대뇌 피질은 자극에 반응하여 생각하고 판단을 내리는 뇌 부위인데 이곳의 부피가 상대적으로 커졌다는 것은 그만큼 신경 활동이 활발하게 이루어지고 주위 신경 세포들과의 소통도 잘 된다는 것을 의미합니다.

기억을 저장하고 관리하는 해마의 무게도 증가했습니다. 다른 신경 세포로부터 신경 신호를 받아들이는 수상 돌기도 많아졌고 다른 신경 세포와 연결을 이루는 시냅스의 숫자도 20% 정도 증가했습니다. 마찬가지로 기억을 형성하는 데 꼭 필요한 아세틸콜린acetylcholine이라는 신경 전달 물질도 많이 늘어났습니다. 치매에 걸리면 아세틸콜린이 부족한 경우가 많은데 이 물질의 양이 늘었다는 것은 그만큼 두뇌 활동이 활발하다는 것을 의미하

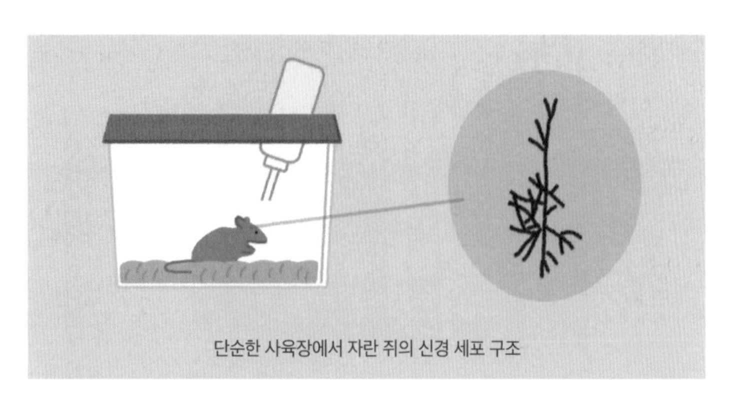

단순한 사육장에서 자란 쥐의 신경 세포 구조

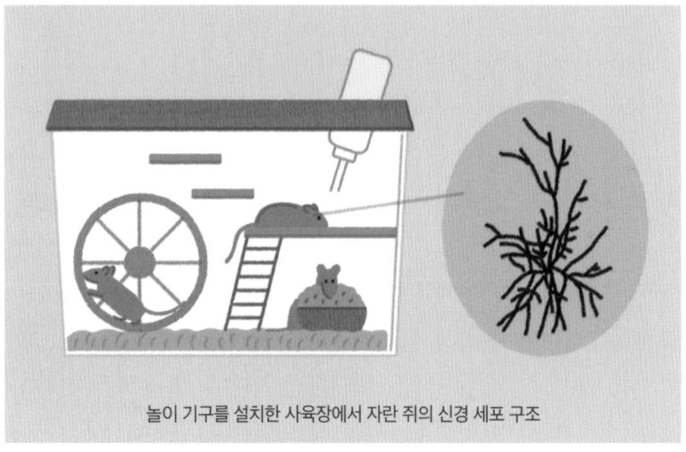

놀이 기구를 설치한 사육장에서 자란 쥐의 신경 세포 구조

외부 자극에 따른 뇌의 시냅스 차이

겠죠.

친구, 장난감, 놀이 기구 등 자극이 풍부한 환경에서 자란 쥐는 주변 자극이 적은 쥐에 비해 뇌의 발달이 뛰어났고 지능도 높았다고 합니다. 뇌 안의 전기 화학 신호를 받아들이는 수상 돌기가

많이 늘어난 것으로 보아 쥐들이 살아 있을 때 두뇌가 아주 활발하게 움직였을 것이라 추측할 수 있습니다. 물론 사람의 뇌와 쥐의 뇌가 같을 수는 없지만 자극이 풍부한 환경에서 성장한 두뇌와 그렇지 못한 두뇌에 차이가 생길 수 있다는 사실을 알 수 있습니다.

가정의 경제적 수준도 두뇌 발달에 영향을 미칩니다. 즉 부잣집 아이와 가난한 집 아이의 두뇌 발달이 다르다는 겁니다. 위스콘신대학교의 연구 팀은 4세에서 22세 사이에 있는 398명을 대상으로 가정의 소득 수준과 지능에 관한 연구를 했습니다. 그 결과 가정의 소득 수준과 두뇌의 기능 사이에 높은 상관관계가 있음을 밝혀냈습니다.

참가자들을 대상으로 MRI를 이용하여 두뇌를 촬영해 보았는데요, 2015년 기준 미국 연방 정부가 설정한 빈곤선인 연 소득 24,250달러(한화로 약 3,000만 원)보다 낮은 소득의 빈곤층 가정 자녀는 뇌의 회백질 부위가 또래 아이들보다 평균 8~10% 정도 적었다고 합니다. 회백질이 적은 부위는 주로 행동을 통제하거나 학습 능력에 영향을 주는 전두엽과 측두엽 부위였습니다. 빈곤선 바로 위에 있는 가정의 자녀들도 평균보다 회백질의 양이 3~4% 정도 적었다고 하네요.

2015년 3월 〈네이처 뉴로사이언스〉가 발표한 논문에서도 비슷한 결과가 나왔습니다. 3세에서 20세 사이의 어린이와 청소년 1,099명의 두뇌를 조사해 봤더니 연소득 25,000달러 이하 가정의 자녀는 연 소득이 15만 달러 이상인 가정에 비해 대뇌 피질 면적이 약 6% 작았다고 합니다.

뇌는 크게 회백질 부위와 백질 부위로 나눌 수 있습니다. 우리가 책이나 인터넷에서 흔히 보는 뇌 사진도 회색 부위와 흰색 부위가 있는 것을 알 수 있는데, 회백질은 연한 회색빛을 띠는 부위로 신경 세포체를 나타냅니다. 신경 세포의 몸통을 말하는 거죠. 주위에 있는 많은 신경 세포들로부터 신경 신호를 받아들이고 그것에 반응하여 인근에 있는 또 다른 신경 세포로 전달할 신호를

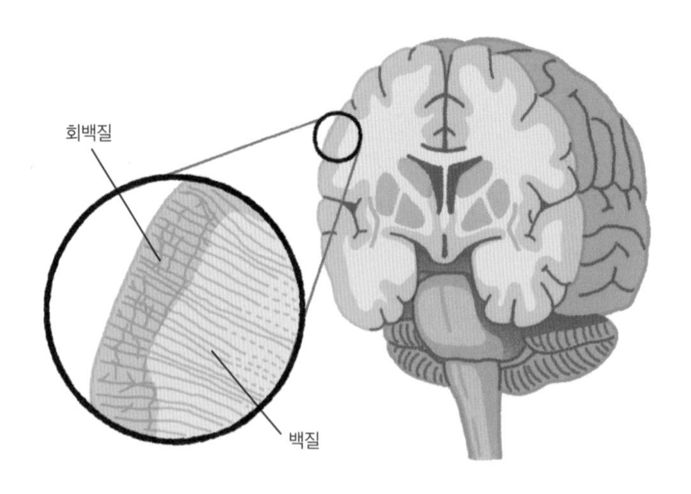

회백질과 백질

만들어 내는 역할을 합니다. 신경 신호를 만드는 공장인 셈인데 회백질 부위가 없으면 뇌에서는 신경 신호를 만들어 내지 못하기 때문에 아무런 반응도 일어날 수가 없습니다.

백질은 신경 세포 간의 연결 통로입니다. 하나의 신경 세포체를 다른 신경 세포체와 연결해 주는 축삭 혹은 축색이라고 부르는 부위를 말합니다. 신경 세포에서 만들어진 신경 신호를 인근의 다른 신경 세포로 전달해 주는 고속 도로인 셈이죠. 이 부위는 신경 신호가 멋대로 흘러가는 걸 막기 위해 지방질로 덮여 있습니다. 마치 전선에서 전기가 밖으로 흘러 나가는 것을 막기 위해 고무로 피복한 것처럼 말이죠. 비엔나소시지처럼 생긴 지방 덩어리가 줄지어 연결된 모습입니다. 지방질로 덮여 있다 보니 하얗게 보여서 백질이라고 부릅니다.

신경 신호를 만들어 내는 회백질이 많으면 신경 활동이 활발히 일어납니다. 반대로 회백질이 적으면 그만큼 신경 세포가 적고 따라서 신경 활동도 적어지겠죠. 또한 백질이 많으면 신경 세포들을 연결해 주는 고속 도로가 잘 발달되어 신경 세포 간의 왕래가 활발하고 백질이 부족하면 신경 세포 간의 연결 도로가 제대로 발달되지 않아 신경 세포끼리 소통이 잘 이루어지지 않습니다.

인구가 많은 대도시는 도로가 잘 발달되어 있지만 사람이 많이 살지 않는 시골에는 도로가 많지 않은 것과 마찬가지라 생각하면 됩니다. 그러므로 백질이든 회백질이든 부족한 것은 두뇌 효율 측면에서 안 좋은 것이라 할 수 있습니다.

소득 수준이 낮은 가정의 아이들이 회백질이 적다는 것은 그만큼 두뇌에서 가동되는 공장 수가 적어 다른 아이들에 비해 두뇌 효율이 낮다는 것을 의미합니다. 안타까운 사실이지만 이 역시 두뇌 발달에 영향을 미치는 환경적 요인이라고 할 수 있습니다.

타고난 유전자보다 더 중요한 것

선천적으로 좋은 머리를 가진 사람이 좋은 교육 환경에서 자라고 스스로도 노력을 아끼지 않는다면 학업에서도 좋은 성적을 거둘 수 있겠죠. 반면에 선천적으로 조금 부족한 머리를 가진 사람이 좋지 않은 학습 환경에서 자라고 노력도 부족하다면 그리 좋은 성적을 거둘 수 없을 겁니다. 하지만 천재의 머리나 구제 불능 수준의 머리를 가지고 태어난 사람이 아니고서는 사람들의 두뇌는 비슷합니다.

정규 분포의 원리에 따라 대다수의 사람은 평균치에 가깝게 모여 있을 수밖에 없습니다. 평균값 양쪽에 몰려 있는 사람이 68%를 조금 넘으니 대부분의 사람들은 비슷비슷한 머리를 타고나는 거죠. 그렇다면 머리가 나빠서 공부를 못할 일은 없다는 겁니다.

중요한 건 자신의 두뇌를 어떻게 활용하느냐 하는 것입니다. 두뇌의 선천적, 후천적 차이뿐만 아니라 두뇌를 효율적으로 쓰는 방법을 아느냐 모르냐의 차이에 따라 성적이 달라질 수도 있습니다. 다음 장에서는 어떻게 하면 두뇌를 효율적으로 활용할 수 있을지 알아보겠습니다. 관심을 가지고 주의 깊게 보시면 지금보다 좋은 성적을 거둘 수 있을 겁니다.

2
공부를 잘하는 비결이 있을까?

누구나 공부를 잘하고 싶다는 욕심이 있습니다. 공부를 한 만큼 성적이 나온다면 아마 누구든지 공부가 쉽다고 여길 겁니다. 안타깝게도 공부라는 게 또 그렇지 않죠. 아무리 열심히 해도 성적이 오르지 않는 친구도 있고 설렁설렁하는 것 같아도 성적이 좋게 나오는 친구도 있습니다. 공부는 주어진 정보를 바탕으로 뇌를 활용하여 성과를 만들어 내는 과정이라고 할 수 있습니다. 즉, 뇌를 어떻게 활용하느냐에 따라 성과가 달라질 수 있다는 것입니다.

굳은 의지를 가지고 매일 10시간씩 농구 연습을 한다고 해 보죠. 이때 농구공이 아니라 배구공이나 축구공을 가지고 연습하면 농구 실력이 좋아질 수 있을까요? 어느 정도 실력이 오를 수 있을지는 몰라도 최상의 상태로 올라서기는 어려울 겁니다. 운동에 따라 사용되는 공의 특성이 다르기 때문에 목적에 맞는 공을 사용하지 않으면 한계에 닥치기 마련입니다.

어떻게 하면 두뇌를 올바르게 활용할 수 있을까?

공부도 이와 마찬가지입니다. 두뇌를 올바르게 활용하는 것이 중요하지요. 그렇다면 어떻게 하면 공부를 잘할 수 있을까요? 지금보다 조금이라도 더 나은 성적을 거둘 수 있는 공부 요령 두 가지를 알려 드리려고 합니다. 잘 읽어 보고 실천하면 좋을 것 같아요.

먼저 공부를 잘하기 위해서는 작업 기억 능력을 높여야 합니다. 작업 기억이라는 용어를 들어 본 적이 있나요? 아마도 처음 들어 보거나 낯설게 느껴질 수 있을 겁니다. 우리는 흔히 누군가가 미래에 공부를 잘할 것인가, 못할 것인가를 판단할 때 지능 지수, 즉 IQ를 참고합니다. IQ가 높으면 공부를 잘할 것이라 생각하고, IQ가 낮으면 공부를 못할 것이라 생각합니다.

실제로 천재들의 집단이라고 하는 멘사에 가입한 사람들의 IQ는 상상을 초월할 정도로 높습니다. 하지만 최근의 연구 결과에 따르면 IQ로 미래의 학업 성적을 예측할 수 있는 확률은 15~20% 정도밖에 안 된다고 합니다. IQ가 높은 사람 중 80~85%는 기대한 만큼의 성적을 거두지 못하고 있다는 뜻입니다. 실제로 IQ는 높은데 성적은 좋지 않은 친구들이 있지 않나요? 이럴 경우 어른들은 쉽게 학생의 노력 부족을 탓하곤 하는데 당사자 입장에서는 억울할 수 있죠.

공부에는 IQ보다 작업 기억 능력이 중요하다

IQ보다 더욱 정확하게 미래의 성적을 예측할 수 있는 측정 수단이 바로 작업 기억입니다. IQ와는 달리 작업 기억은 한 사람의 미래 학업 성적을 95%까지 예측할 수 있다고 합니다. 또한 많은 신경학자들의 연구 결과에 따르면 작업 기억은 미래의 학업 성취도, 더 나아가 삶에서의 성공 가능성까지 예측해 볼 수 있는 가장 좋은 도구라고 합니다. 작업 기억이 좋으면 학습하는 데 아주 유리하고 좋은 성적을 받을 수 있을 뿐만 아니라 성인이 되어서도 자기가 맡은 일에서 좋은 성과를 거둘 수 있다는 것이죠. 반면에 작업 기억 역량이 높지 않은 사람들은 학습을 효율적으로 하지 못하고 좋은 성적을 거두기도 어렵습니다.

그렇다면 작업 기억은 무엇일까요? 작업 기억이란 정보를 처리하기 위해 제한된 시간 동안 정보를 기억하고 활용하여 결과를 만들어 내는 두뇌의 능력을 말합니다. 말이 좀 어렵죠? 예를 들어 봅시다.

65×7을 암산해 볼까요? 우선 5×7을 계산한 후 결괏값 35를 저장해 놓고, 다시 60×7을 해서 결괏값 420을 저장한 후 420+35를 합니다. 그러면 455라는 최종 계산값을 얻을 수 있겠죠. 이 계산을 틀리지 않고 해내기 위해서는 5와 7을 곱한 값을 기억 공간 안에 임시로 보관해 두고, 60과 7을 곱한 값과 더해 최종값을 얻

는 능력이 필요합니다. 물론 정확한 곱셈 능력도 필요하겠죠. 이것이 바로 작업 기억인데 마치 머릿속에 계산을 할 수 있는 작업대가 펼쳐져 있는 것과 비슷하다고 할 수 있습니다.

만일 이 작업대가 없으면 5와 7을 곱한 값이 35라는 것과 60과 7을 곱한 값이 420이라는 것을 기억에 차례대로 남겨 둘 수 없고 따라서 35와 420을 더할 수도 없을 겁니다. 이처럼 작업 기억은 정보를 처리하여 원하는 결과를 도출하기 위해서 꼭 필요한 두뇌 능력 중 하나인 겁니다.

작업 기억은 나름의 방식대로 정보를 처리해 결과물을 만들어 냅니다. 외부에서 입력된 정보를 활용하기도 하고 별도의 창고에 저장된 장기 기억을 끄집어내어 조합하거나 배열하는 등 목적에 맞는 활동이 이루어지죠. 과제 수행에 필요한 작업이 끝나면 장기 기억에 있던 기억은 원래의 위치로 돌아가고 결과물은 필요에 따라 저장되거나 머릿속에서 사라집니다. 이렇게 보면 작업 기억은 단순히 정보를 처리하는 것만이 아니라 문제를 해결하는 데 필요한 사고력을 갖추는 것이라고 할 수 있는 거죠.

머릿속의 작업대가 크고 성능이 뛰어날수록 많은 정보를 받아들이고 처리하기에 유리하지만 이 작업대가 작고 성능이 안 좋을수록 정보를 받아들이고 처리하는 데 한계가 생깁니다. 학년이 높아지면서 성적이 떨어지는 것도 머릿속에 있는 작업대의 한

계 용량이 작기 때문입니다. 고학년이 되면 문제를 해결하기 위해 더욱 많은 이해력과 정보가 필요합니다. 하지만 뇌 안의 작업대가 아직 그 정도의 작업을 처리할 만큼 크지 않다면 문제를 해결하는 데 조금 더 어려움을 겪을 수 있겠죠.

작업 기억은 어떻게 높일 수 있을까?

이제 작업 기억에 대한 관심이 높아졌나요? 그렇다면 작업 기억은 노력으로 높일 수 있는 걸까요? 많은 신경 과학자들에 따르면 그렇다고 합니다. 비록 지금은 공부를 못해도 작업 기억을 높이는 훈련을 꾸준히 하면 공부를 잘할 수 있게 된다는 겁니다. 어떻게 하면 작업 기억을 높일 수 있을까요? 평소에 두뇌를 쓰는 훈련을 많이 해야 합니다. 즉 훈련을 통해 뇌 안에 있는 작업대를 크고 효율적인 것으로 바꾸어 나가는 겁니다.

'엔 백n-back' 훈련은 숫자를 무작위로 늘어놓은 후 그것을 순서대로 기억하고 있다가 n번째 앞에 제시된 숫자와 동일한지 맞추는 게임입니다.

예를 들어 다음 그림에서 n이 3이라면, 두 번째 나오는 3은 세 번째 앞에서 제시된 숫자가 3이므로 '그렇다.'가 되고 8은 세 번째 앞에서 제시된 숫자가 5이므로 '아니다.'가 됩니다. 두 번째 7은 세 번째 앞에서 제시된 숫자가 7이므로 '그렇다.'가 되는 것이죠. 무

3 - back	답
3	-
5	-
7	-
3(현재 숫자)	○
8	×
7	○

엔 백 훈련 (현재 숫자와 세 번째 앞에 있는 숫자가 일치하는지 확인해 보세요.)

척 단순하고 쉬워 보이지만 실제로 해 보면 그리 쉽지만은 않습니다. 특히나 n이 커지면 더욱 그렇죠. n이 2나 3 정도만 되어도 어느 정도 답을 할 수 있지만 n이 4를 넘어가게 되면 절로 짜증이 나기도 합니다.

엔 백 훈련이 학습 능력을 향상시킨다는 것을 보여 주는 실험 결과도 있습니다. 미시간대학교의 수잔 재기 교수는 실험 참가자들을 모집한 후 유동성 지능을 측정했습니다. 유동성 지능은 답이 정해진 결정성 지식과는 달리 이전에 습득한 지식을 이용하여 독립적으로 새로운 문제를 추론하고 해결하는 지능을 말합니다. 알고 있는 지식을 응용하여 새로운 상황에서 문제를 해결해 나가는 능력이 유동성 지능인 것이죠. 따라서 유동성 지능이 높을수록 응용력이나 문제 해결력이 높아질 수 있고 학습에서도 좋은 성과를 낼 수 있습니다.

참가자들은 실험 첫날 유동성 지식을 잰 후 8일, 12일, 17일, 그리고 19일에 걸쳐 엔 백 훈련을 받았습니다. 그 결과 훈련 전과 비교할 때 IQ가 10점 정도 상승했습니다.

이런 방법을 집에서 훈련해 볼 수 있을까요? 0부터 9까지 숫자를 쓴 종이를 몇 장 준비한 후 바구니 같은 데 넣고 잘 섞습니다. 그리고 하나씩 종이를 꺼내 숫자를 확인한 후 바닥에 뒤집어 내려놓습니다. 7개 정도의 숫자를 펼쳐 놓은 후 세 번째 앞에 나온 숫자가 무엇인지 기억합니다. 그렇게 반복적으로 훈련을 하면서 n의 숫자를 점점 늘려 가 보는 거죠. 엔 백 훈련은 두뇌 안에서 정보를 받아들이고 처리하는 능력을 키워 주는 훈련이기 때문에 꾸준히 한다면 효과를 볼 수 있을 겁니다.

트럼프 카드를 이용해서 연습할 수도 있습니다. 무작위로 일곱 장의 카드를 뽑아 순서대로 숫자를 기억합니다. 뽑은 카드를 뒤집어 바닥에 내려놓은 후 순서대로 7개의 숫자를 기억해 내는 거죠. 그다음에는 거꾸로 기억해 봅니다. 이번에는 두 번째 카드와 네 번째 카드의 숫자를 더하거나 곱한 값을 계산해 봅니다. 이런 식으로 기억을 강화하고 머릿속에서 정보를 처리하는 훈련을 거듭하다 보면 작업 기억 역량도 자연스럽게 높아질 수 있습니다.

메타 인지를 활용하라

공부를 잘하는 또 다른 방법은 메타 인지를 활용하는 겁니다. 공부를 잘하는 친구들과 그렇지 않은 친구들은 공부 전략이 다릅니다. 가장 큰 차이 중 하나가 자신의 실력을 정확히 아는 것과 모르는 것에 있죠. 공부를 잘하는 친구들은 일반적으로 자신의 실력을 잘 알고 있지만 공부를 못하는 친구들은 자신의 실력을 잘 모르는 경우가 많습니다.

자신이 알고 모르는 것에 대해 파악하고 모르는 부분을 집중적으로 공부하면 더 효율적으로 공부할 수 있습니다. 시간은 한정되어 있고 공부해야 할 내용은 많기 때문에 공부를 효율적으로 하는 방법을 아느냐 모르냐에 따라 성적의 차이가 나타날 수 있습니다.

EBS에서 방영한 다큐멘터리 프로그램 〈학교란 무엇인가〉에 '0.1%의 비밀'이라는 에피소드가 있습니다. 수능을 앞둔 60여만 명의 수험생 중 상위 0.1% 안에 드는 학생들의 공부 비결을 다룬 내용입니다. 평범한 학생들과 뛰어난 성적을 받는 학생들 사이에 어떤 차이가 있는지 보여주는데요. 공부를 잘하는 학생과 평범한 학생들의 가장 큰 차이는 자신의 실력에 대한 이해도였다고 합니다. 즉, 공부를 잘하기 위해서는 자신의 실력이 어느 정도 되는지 파악하는 능력이 중요합니다.

성적이 좋은 학생들은 시험이 끝난 후 자신의 점수를 예상할 때 편차가 거의 없습니다. 자신이 무엇을 맞았고 무엇을 틀렸는지 비교적 정확히 알기 때문이죠. 반면에 성적에 기복이 있거나 높지 않은 등수를 받는 학생의 경우 예상 점수와 실제 점수 간에 편차가 크게 나타나는 경우가 종종 있습니다. 자신이 무엇을 맞았고 무엇을 틀렸는지 정확히 알 수 없어서 대략적인 감으로 점수를 예측하기 때문이죠.

메타 인지metacognition는 '더 높은', '초월한'이라는 의미의 접두어 'meta'와 '인지'라는 의미의 명사 'cognition'이 결합되어 만들어진 단어입니다. 해석하자면 '초(超)인지' 혹은 '더 높은 차원의 인지'라고 할 수 있는 거죠. '인지보다 높은 차원의 인지' 혹은 '한 차원 높은 인지'가 메타 인지인데 자신이 '무엇인가를 인지하고 있는 상황에서 그 행위를 인지하는 것'이라고 말할 수 있습니다. 마치 제삼자가 옆에서 자신을 보는 것처럼 객관적인 입장에서 자기 자신을 바라보는 것이 메타 인지인 거죠.

메타 인지가 뛰어난 아이들은 성적이 좋지만, 메타 인지가 떨어지는 아이들은 비슷한 IQ를 가지고 비슷한 환경에서 자라도 성적이 떨어진다고 합니다. 그렇다면 메타 인지는 어떻게 키울 수 있을까요? 가장 쉽고 좋은 방법은 자신이 공부한 내용에 대해 자주 테스트해 보는 겁니다. 즉 공부한 내용을 얼마나 잘 이해하고 있는지 문제를 풀어 보며 수준을 확인하는 거죠. 기본적인 개념부터 응용문제에 이르기까지 다양한 유형의 문제를 풀어 보면 자신이 무엇을 알고 무엇을 모르는지 자연스럽게 깨달을 수 있습니다.

자신이 알고 있는 것과 모르는 것을 확인하는 과정 없이 그저 학습 내용을 반복적으로 공부하기만 하면 실력을 객관적으로 파악하기 어렵습니다. 번거롭게 느껴질 수도 있지만 학습 후 스스로 평가하는 시간을 꼭 가져야 합니다.

학습 내용을 누군가에게 설명하는 공부 방법도 메타 인지를 키우는 데 큰 도움이 됩니다. 아무리 공부를 열심히 해도 그 내용을 정확히 이해하고 있지 않으면 공부한 내용을 누군가에게 설명

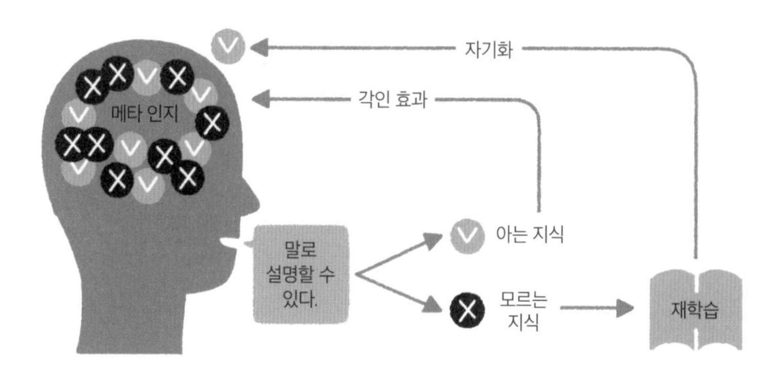

메타 인지의 과정

하기 어려울 수밖에 없습니다. 자신이 알고 있는 내용을 다른 사람에게 설명하다 보면 자신이 무엇을 알고 무엇을 모르는지 더욱 정확하게 알 수 있습니다. 확실히 알고 있는 부분은 자신 있게 설명할 수 있겠지만 어렴풋이 알고 있다면 정확하게 설명하기 어렵겠죠.

짝을 지어 서로 학습한 내용을 설명하고 질문해 보세요. 자신이 확실히 아는 지식과 잘 모르는 지식을 분명히 알 수 있을 겁니다. 자신의 강점을 강화하고 약점을 보완하는 공부 전략을 세울 수 있겠지요.

공부를 잘하기 위해서는 굳은 의지가 필요합니다. 주위의 온갖 유혹을 물리치고 학습에 몰입할 수 있는 끈기와 인내 또한 필요합니다. 하지만 두뇌의 특성을 이해하고 보다 효율적으로 두뇌를 활용할 수 있을 때 이러한 의지와 노력이 더욱 빛을 발할 수 있습니다. 지금부터라도 조금 더 효율적으로 두뇌를 활용할 수 있는 방법을 찾아 공부해 보세요.

3

밤새워 공부하는 게 효과적일까?

여러분은 하루에 몇 시간이나 잠을 자나요? 미국 수면 재단이 권장하는 청소년 수면 시간은 8~10시간입니다. 청소년기에는 성장 호르몬이 가장 왕성하게 분비되기 때문에 잠을 충분히 자야만 균형 있게 성장할 수 있습니다.

안타깝게도 많은 청소년이 잠이 부족합니다. 아마도 하루 6시간, 많아야 7시간 정도 자는 게 전부일 겁니다. 그중에는 공부한다고 새벽까지 책상 앞에 앉아 있는 친구들도 있을 거예요. 특히나 시험이 가까워지면 조금이라도 더 공부하기 위해 잠을 줄이곤 합니다. 시험을 앞두고 카페인이 들어 있는 음료를 마시며 밤을 꼬박 새워 공부하기도 하죠. 안타깝게도 잠을 줄여 가며 공부해도 기대만큼의 성과를 거두기가 어렵습니다. 과학적으로 볼 때 잠을 줄이면서 하는 공부는 신체와 두뇌에 무리를 주고 그로 인해 오히려 공부 효율을 떨어뜨릴 수 있기 때문입니다.

사람은 왜 잠을 자는 걸까?

사람은 왜 잠을 자는 걸까요? 아마 대다수의 사람이 하루 동안 쌓인 피로를 해소하고 에너지를 재충전하기 위해서라고 대답할 겁니다. 스마트폰을 하루 종일 사용하면 배터리가 바닥나는 것처럼 사람도 하루 종일 깨어 있으면 에너지가 소모되기 때문에 재충전해 주어야만 다음 날 또 쌩쌩한 모습으로 하루를 살아갈 수 있겠죠. 그렇게 생활에 필요한 에너지를 충전시켜 주는 수단이 잠이라고 생각할 수 있습니다. 맞는 말입니다. 잠을 자야 체력을 유지할 수 있죠. 하지만 그게 잠이 필요한 이유의 전부는 아닙니다. 잠에는 피로 해소와 에너지 충전 이상의 큰 의미가 있습니다. 특히 학습과 관련해서 말이죠.

뇌 안에는 시교차 상핵suprachiasmatic nucleus이라는 기관이 있습니다. '시각이 교차하는 지점 위에 모인 신경 다발'이라는 뜻입니다. 왼쪽 눈을 통해 입력된 시각 정보는 오른쪽 뇌로 전달되고, 오른쪽 눈을 통해 입력된 시각 정보는 왼쪽 뇌로 전달이 됩니다. 그러자면 뇌 안의 어딘가에서 X자 형태로 시각 신호가 교차되어야 하는데 이걸 '시교차'라고 합니다. 교차하는 곳 바로 위쪽에 자리 잡고 있는 부위가 시교차 상핵이죠.

아침이 되어 해가 뜨고 햇살이 비추면 망막은 햇빛을 인지하고 전기 신호를 만들어 시교차 상핵으로 전달합니다. 그러면 이곳에서 송과체에 지령을 내려 세로토닌을 분비하도록 하고 세로토닌이 분비되면 정신이 맑아지는 각성 상태가 되는 거죠. 반대로 해가 져서 어두워지면 망막이 이를 인지하고 다시 시교차 상핵으로 전기 신호를 전달해 송과체로 멜라토닌을 분비하라는 지시를 내립니다. 그렇게 되면 졸음이 오고 잠잘 준비가 끝나는 거죠. 이러한 일주기 리듬은 대체적으로 24시간에 맞추어 자연스럽게 변화합니다. 이것이 아주 간단하게 설명한 잠의 원리입니다. 이제 조금 더 깊이 있게 살펴볼까요?

잠에도 단계가 있다

잠은 크게 얕은 수면과 깊은 수면으로 나눌 수 있습니다. 얕은 잠의 단계를 흔히 렘REM수면이라고 하고, 깊은 잠의 단계를 렘수면이 아니라는 의미로 비렘non-REM수면이라고 부릅니다. RAM은 Rapid Eye Movement의 약자로 얕은 잠에 빠지면 잠이 들어도 눈동자는 좌우로 빠르게 움직이기 때문에 이런 이름이 붙었습니다. 일반적으로는 수면 시간의 약 1/4에서 1/5 정도가 렘수면입니다. 비렘수면은 3/4에서 4/5 정도가 되겠죠. 어린아이나 나이 든 사람들에 비해 청소년의 비렘수면은 상대적으로 긴 편입니다.

잠이 들면 한 번에 깊은 잠으로 빠져드는 것처럼 보이지만 잠은 여러 단계를 거치며 오르락내리락합니다. 얕은 잠에서 시작하여 깊은 잠으로 빠져들었다가 다시 얕은 잠으로 돌아오는 과정을 반복합니다. 이렇게 얕은 잠과 깊은 잠을 왔다 갔다 하는 수면 패턴을 한 사이클이라고 합니다. 보통은 90분 정도가 걸리는데 밤사이에 이 사이클을 다섯 번 정도 반복합니다. 90분씩 다섯 번이면 총 450분이죠? 시간 단위로 나누어 보면 7시간 30분 정도가 됩니다.

어느 단계에서 잠에서 깨는 게 좋을까요? 당연히 얕은 잠에서 깨어나는 것이 좋습니다. 깊은 잠을 자는 도중에 깨어나면 정신이 몽롱하고 눈을 뜨기 어렵지만 얕은 잠에서는 쉽게 잠에서 깨어날 수 있고 눈을 떠도 잘 잤다는 느낌이 듭니다. 개운한 느낌이 드는 거죠.

그러므로 잠을 잘 자려면 얕은 잠의 단계에서 깨어나는 것이 바람직한데 수면의 한 사이클인 90분의 배수, 즉 4.5시간(270분), 6시간(360분), 7.5시간(450분) 주기로 수면 패턴을 유지하면 가볍고 상쾌하게 잠에서 깰 수 있는 거죠. 그럼 이 주기를 맞추기만 하면 적게 자도 상관없는 걸까요? 그건 아닙니다. 다섯 주기, 적어도 7시간 30분은 자는 게 좋은데요. 그 이유는 뒤에서 자세히 알아보겠습니다.

잠이 들면 렘수면을 거쳐 1단계 ①번의 비렘수면 단계로 빠져듭니다. 이 단계는 5분 내외에 불과한데 각자 맡은 역할을 하던

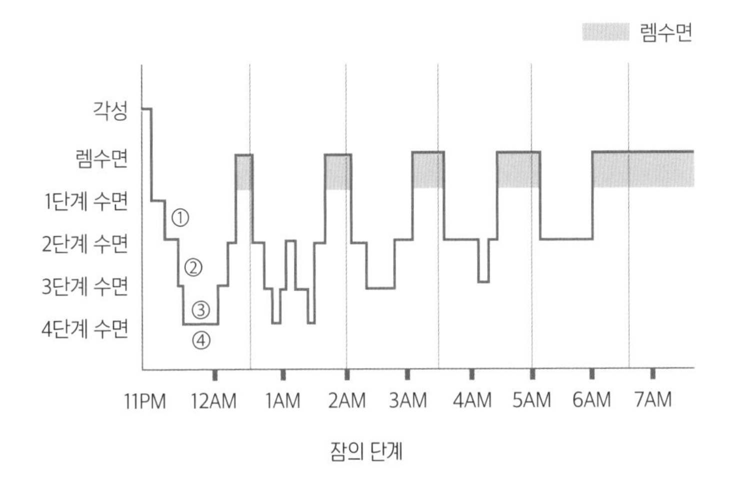

잠의 단계

뇌 안의 신경 세포들이 자신이 하던 일을 내려놓고 휴식에 들어갑니다. 뇌는 전기를 통해 신호를 전달하기 때문에 뇌파라는 것이 발생합니다. 전기가 흐르는 곳에 전자파가 발생하는 것처럼 뇌에서도 전자파가 만들어지는데 이를 뇌에서 만들어지는 파장이라는 의미로 뇌파라고 부릅니다. 렘수면을 거쳐 깊은 잠이 들면 뇌에서 발생하는 파장이 크고 느려지는데 이를 서파slow wave라고 합니다. 서파가 발생하면 깊은 잠에 빠졌다는 것을 알 수 있죠.

2단계 ②번의 비렘수면 단계로 들어서면 뇌 깊은 곳에서 깨어 있을 때는 발생하지 않던 뇌파가 발생합니다. 이를 방추파spindle wave라고 하는데, 이 파장은 대뇌 피질을 자극하여 최근에 습득한 정보를 저장하고 장기 기억에 저장되어 있던 기존 지식과 연결해 주는 일을 합니다. 즉 하루 동안 공부한 내용을 장기 기억으로 저장하여 배운 내용을 더 잘 기억하게 도와주는 거죠. 그렇다면 방추파가 많이 나올수록 공부한 내용을 기억하기가 더욱 수월해지지 않을까요? 실제로도 그렇습니다. 방추파가 많이 발생할수록 다음 날 공부한 내용을 더욱 많이 기억할 수 있다고 합니다.

방추파는 수면 사이클 후반으로 갈수록 많이 나옵니다. 만일 잠이 줄면 그만큼 방추파가 나올 시간이 짧아질 수밖에 없고 따라서 학습한 내용을 기억하기 힘들어지겠죠. 2단계 비렘수면에서는 방추파 외에 K-복합파K-complex라는 것도 만들어집니다. 서파의 한 종류로 주로 방추파와 겹쳐서 나타납니다. 외부 자극을 차단함으로써 깊은 잠에 들 수 있게 합니다. 2단계 비렘수면은 상대적으로 긴 편인데 보통 한 사이클당 20분 정도 지속되며 뒤로 갈수록 그 시간이 줄어듭니다.

③, ④번으로 표시된 3단계와 4단계는 하나로 구분하기도 합니다. 그래서 비렘수면은 3단계라고 하기도 하고 4단계라고 하기도 하는 등 학자에 따라 분류가 다릅니다. 이 단계는 마치 혼수상태와 유사한데, 뼈와 근육을 유지하는 데 필수적인 단계입니다. 성장 호르몬이 가장 많이 나오기 때문이죠. 이렇듯 잠이 들면 1, 2, 3, 4단계의 비렘수면을 거친 후 다시 렘수면 단계에 들어섭니다. 렘수면은 한 주기당 5~20분 정도인데 수면의 후반부로 갈수록

길어져 수면에서 차지하는 비중은 20% 정도가 됩니다.

잠을 자는 동안 뇌는 무슨 일을 할까?

궁금증이 생기지 않나요? 왜 굳이 얕은 잠과 깊은 잠을 오가며 자는 걸까요? 특별한 이유라도 있는 걸까요? 그렇습니다. 잠에는 아주 신비로운 뇌의 비밀이 있습니다. 잠을 자면 뇌도 불을 끄고 휴식을 취할 거라고 생각할 수 있지만 사실 그렇지 않습니다.

뇌는 깨어 있을 때보다 잠을 자는 동안 더 많은 일을 합니다. 은행이나 마트는 영업시간이 끝나면 문을 닫지만 그 안에서 일하는 직원들은 영업시간이 끝난 이후에도 분주하게 마감을 합니다. 은행에서는 하루 동안 거래된 내용들을 바탕으로 입출금을 정산하거나 각종 서류 작업을 하고, 마트에서는 매장을 청소하거나 상품 진열을 바꾸기도 합니다. 뇌도 이처럼 잠이 든 후에 할 일이 있습니다. 그래서 오히려 깨어 있을 때보다 더 활발하게 움직인다고 하네요.

그럼 잠을 자는 동안 뇌는 무슨 일을 할까요? 비유하자면 찰흙으로 조각상을 만드는 것과 비슷합니다. 조각상을 만들려면 처음에는 나무나 철과 같은 재료로 기본 골격을 만듭니다. 그 후 찰흙을 뭉텅이로 붙이고 조금씩 덜어내거나 다시 붙이면서 원하는 모양으로 다듬어 나가야 합니다. 처음에는 붙이거나 덜어 내는 찰흙의 양이 많겠지만 뒤로 가면서 점점 그 양은 줄고 조각상의 모습도 정교하게 다듬어지겠죠.

조각상을 만드는 과정처럼 잠을 자는 동안 뇌는 신경 회로를 솎아 내고 정교하게 다듬는 작업을 반복합니다. 즉, 하루 동안 들어온 정보를 솎아 내고 기억할 만한 정보를 정리하는 일을 합니다. 여기에서 불필요한 신경 회로를 솎아 내는 작업이 찰흙을 붙이거나 덜어 내는 것이고, 정보를 다듬어서 저장하는 작업이 조각상을 정교하게 만드는 것이라 할 수 있죠. 그렇다면 어떤 단계에서 신경 회로를 솎아 내고 어떤 단계에서 다듬는 작업이 이루어질까요?

바로 비렘수면 단계에서 신경 회로를 솎아 내고 렘수면에서 솎아 낸 신경 회로를 정교하게 다듬습니다. 깨어 있는 동안 공부한 내용은 바로 장기 기억으로 옮겨 가지 않습니다. 정보는 한 번에 저장되지 않고 기억 창고에 잠시 머물다가 장기 기억으로 옮겨 가도록 되어 있습니다. 택배를 보내면 물류 창고를 거쳐 가는 것처럼 말이죠.

그 역할을 하는 곳이 바로 해마입니다. 깨어 있는 동안 받아들인 정보는 잠시 동안 해마에 저장이 됩니다. 그리고 잠을 자는 사이에 대뇌 피질의 여러 부위로 옮겨져 장기 기억이 되는데 이 과정을 돕는 것이 바로 비렘수면입니다.

그렇기 때문에 잠이 부족해지면 애써 공부한 내용이 기억 창고에서 장기 기억으로 옮겨지지 못한 채 사라질 수 있는 거죠. 게다가 해마라는 기억 창고가 채 비워지지 않기 때문에 새로운 정보를 받아들이기도 힘들어집니다. 공부를 해도 더 이상 기억 창고에 집어넣을 수 없는 거죠. 억지로 집어넣으려고 하면 힘이 들고 때로는 앞서 넣어 두었던 기억과 혼합되는 기억 간섭이 발생합니다. 기껏 공부했는데 다음 날 시험을 볼 때 헷갈린다면 기억 간섭이 일어난 것이라 할 수 있죠.

앞서 비렘수면 단계에서는 느리고 긴 서파가 발생한다고 했는데 이 서파를 타고 학습한 내용은 멀리에 있는 대뇌 피질까지 전달이 됩니다. 그런데 대뇌 피질의 부위에 따라 전달하고 저장해야 할 정보가 다를 수 있습니다. 마치 조각상을 만들 때 어떤 곳은 찰흙을 더 붙이고 어떤 곳은 찰흙을 덜어 내는 것처럼요. 이런 일이 비렘수면 단계에서 일어납니다.

수면 과학자 매슈 워커는 성인들을 대상으로 암기력 테스트를 했습니다. 인물 사진을 보여 주면서 이름을 외우게 한 거죠. 이후에 참가자들을 두 그룹으로 나누고 한 그룹은 90분 동안 낮잠을 자도록 하고 다른 한 그룹은 그동안 깨어 있게 했습니다. 그 후, 늦은 오후에 다시 참가자들에게 새로운 과제를 내 주고 학습을 시킨 결과 낮잠을 잔 사람들의 학습 능력이 더 뛰어났다고 하네요. 낮잠을 자는 동안 해마라는 기억 창고가 비워지고 따라서 새로 공부하는 내용을 수월하게 받아들일 수 있게 된 거죠. 반면에 낮잠을 자지 않은 그룹은 여전히 이전에 공부한 내용들이 해마에 남아 있어 새로운 내용을 받아들이기 어려웠던 겁니다.

렘수면 단계에서는 정보의 통합, 가공, 연계 등의 작업이 이루어집니다. 깨어 있는 동안 받아들인 정보는 일단 해마에 저장이 됩니다. 수업 시간에 일어난 일, 길을 걸으며 보았던 주변 풍경, 친구와 나눈 사소한 이야기, 텔레비전에서 봤던 내용, 이런 것들이 모두 뇌의 입장에서 보면 '정보'입니다. 그래서 해마에는 중요한 정보와 별로 중요하지 않은 정보가 섞여 있습니다. 길을 가다가 우연히 본 음식점 전단지는 잊어도 상관없지만 애써 공부한 영어 단어는 잊어버리면 안 되죠.

그래서 뇌는 잠을 자는 동안 어떤 정보가 쓸모 있는 것인지, 어떤 정보가 쓸모없는 것인지 구분하고 쓸모없다고 생각되는 정보는 수거하여 쓰레기통에 버립니다. 여기에서 더 나아가 새로운 정보를 기존에 남아 있던 정보들과 하나씩 짝을 맞춰 봅니다. 정보를 결합하는 거죠.

서로 연관 관계가 없는 정보일지라도 연결해 보면 미처 발견하지 못한 의미를 찾아낼 수 있습니다. 예를 들어 '사과'라는 과일과 '높은 곳에서 물건이 떨어지는 것'은 서로 상관이 없다고 할 수 있죠. 하지만 이것을 결합하면 아래쪽으로 사과를 끌어당기는 어떤 힘이 있고 그 힘 때문에 사과가 높은 곳에서 떨어지는 것이라는 의미를 찾을 수 있는 겁니다. 그게 바로 중력의 개념이 되는 거죠. 이렇듯 서로 무관한 정보들끼리 연결하고 통합하는 작업이 얕은 잠인 렘수면에서 일어납니다.

렘수면 단계에선 꿈을 꾸기도 합니다. 꿈의 내용은 현실에서 일어날 수 없는 것들이 많죠? 하늘을 날거나 63빌딩처럼 높은 곳에서 뛰어내려도 다친 곳 하나 없이 멀쩡하거나, 좋아하는 연예인을 만나 선물을 받았는데 그 안에 바퀴벌레가 가득 들어 있다거나 하는 등의 얼토당토않은 이야기가 나옵니다. 꿈의 내용이 이렇듯 황당무계한 이유도 바로 렘수면 중이기 때문입니다. 서로 관련 없는 정보들을 결합하다 보니 그 과정에서 이상한 꿈을 꾸게 되는 거죠.

조각상을 만들 때 찰흙을 덜어 내고 그 자리를 외곽선이 선명하게 드러날 수 있게 다듬는 것처럼 렘수면 단계에서 비렘수면 단계에서 솎아 낸 정보들을 세밀하게 다듬고 기존에 있던 정보와 합치는 일이 이루어지는 겁니다.

또한 렘수면 단계를 거치면서 두뇌는 더욱 지적인 사고와 판단이 가능해집니다. 창의적인 사고를 담당하는 두뇌의 기능이 렘수면을 취하는 동안 높아지기 때문에 렘수면이 부족하면 서로 다른 정보를 조합해서 문제를 해결하는 독창적인 사고에 영향을 줄 수 있는 거죠.

정리해 볼까요? 비렘수면 단계에서는 깨어 있는 동안 받아들인 정보를 장기 기억으로 옮겨 단기 기억 창고인 해마를 비워 주고 새로운 정보를 받아들일 수 있게 해 줍니다.

렘수면 단계에서는 보관할 가치가 있는 정보와 아닌 것을 골라내어 정보의 효율을 높여 주고 정보 간의 연결과 통합을 통해 새로운 아이디어를 떠올릴 수 있는 능력을 키워 줍니다. 이러한 과

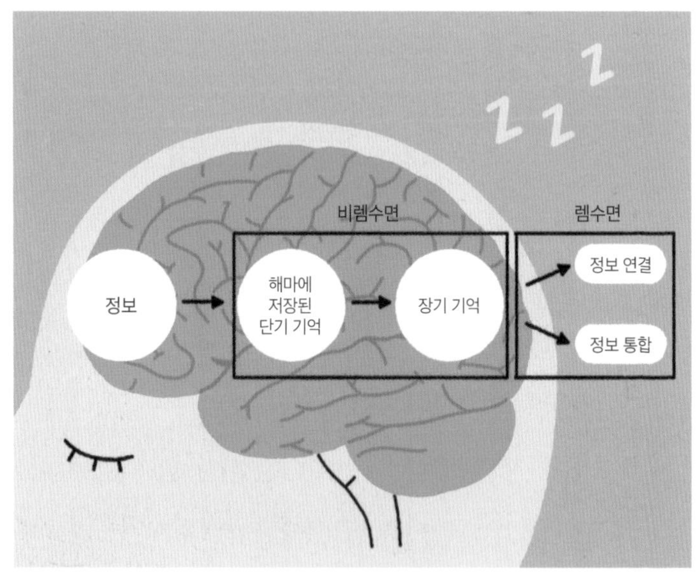

렘수면과 비렘수면의 역할

정은 오직 잠을 잘 때만 일어납니다.

잠을 못 자면 어떻게 될까?

그러니 잠을 못 자면 어떻게 될까요? 공부를 해도 기억에 남지 않고, 새로운 내용을 받아들이기도 어려우며 정보를 응용하여 문제를 풀어 나가는 능력에도 지장이 생기겠죠. 매일 새벽까지 잠을 줄여 가며 공부하거나 시험을 앞두고 밤을 새워 벼락치기 공부를 한다고 해도 잠을 못 자면 두뇌가 이런 기능을 발휘하기 힘들기 때문에 장기적으로 볼 때 성적을 올리기는 쉽지 않겠죠.

만일 내가 누구보다 열심히 공부하는데도 성적이 오르지 않아 고민인 친구가 있다면 자신이 잠을 충분히 자고 있는지 생각해 보면 좋을 것 같습니다.

충분한 수면의 중요성을 보여 주는 실험이 있습니다. 앞서 소개한 매슈 워커 박사는 학생들을 모집한 후 수면 집단과 수면 부족 집단으로 나누었습니다. 밤이 되자 수면 집단은 잠을 푹 자도록 하고 수면 부족 집단은 온갖 방해를 하며 잠을 못 자게 했습니다. 다음 날 오전에 두 그룹은 단어를 암기했습니다. 이후 두 그룹 모두 이틀 동안 잠을 푹 자도록 했습니다. 밤새 잠을 못 잔 집단이 너무 졸리거나 집중력이 떨어져 학습한 내용을 떠올리지 못하는 것을 막기 위해서였죠. 그렇게 이틀간 푹 잠을 잔 후 시험을 보았습니다. 그 결과 첫날 밤에 잠을 못 잔 그룹의 성적이 잠을 푹 잔 집단에 비해 무려 40%나 안 좋게 나타났습니다.

'4당 5락'이라는 말이 있습니다. 큰 시험을 앞두고 4시간만 자고 공부하는 사람은 합격하지만 5시간을 자는 사람은 떨어진다는 의미인데요. 그만큼 좋은 결과를 얻으려면 잠을 줄이면서 공부를 해야 한다고 여긴 거죠. 하지만 앞서 얘기한 것처럼 잠을 안 자면 여러 가지 측면에서 문제가 생길 수 있습니다. 잠은 제대로 못 자면서 좋은 성적을 기대하기 어렵게 되는 거죠. 그렇기 때문에 되도록 잠을 줄이며 공부하기보다는 적당한 수면 시간을 지키려고 노력하는 것이 좋습니다. 오래 가려면 천천히 가야 한다는 말처럼 말입니다.

4
수포자는 왜 생기는 걸까?

여러분은 공부할 때 특별히 좋아하거나 싫어하는 과목이 있나요? 아마도 대다수의 학생이 좋아하는 과목과 싫어하는 과목이 있을 겁니다. 대학교에 들어가면 자기가 하고 싶은 과목을 선택하여 배울 수 있지만 그전까지는 모든 과목을 빠짐없이 골고루 배워야 합니다. 그러다 보니 자신의 적성에 맞는 과목도 있을 수 있고 그렇지 않은 과목도 있을 수 있겠죠. 국어나 사회를 좋아하는 사람이 있는가 하면 수학이나 과학을 좋아하는 사람도 있습니다. 사람마다 차이가 있기는 하지만 대체적으로 수학과 과학을 어려워하는 것 같습니다. '수학을 포기한 사람'이라는 뜻의 '수포자'라는 말이 생긴 걸 보면 말입니다. 한 조사에 따르면 중·고등학생 수포자의 비율이 2021년도에 13%를 넘었다고 합니다. 그만큼 많은 학생이 수학 공부를 힘들어한다는 것이겠죠.

특정 과목을 좋아하거나 싫어하는 이유는 무엇 때문일까요? 이 또한 뇌 기능의 발달과 관련이 있습니다.

수학 천재의 뇌는 다른 사람과 다를까?

수학이나 과학적 사고는 주로 머리의 꼭대기 부분에 자리 잡고 있는 두정엽을 많이 활용합니다. 두정엽은 운동 중추가 있어 신체에 운동 명령을 내리고 수학이나 물리학에 필요한 계산 및 연상 기능도 담당합니다. 물론 두뇌의 다른 부분들도 써야 하지만 주로 이 부위에서 수학이나 과학적인 사고가 중심적으로 이루어진다는 것이죠.

실제로 세계적인 수학 천재였던 아인슈타인의 뇌를 해부해 보니 두정엽의 하단 부위가 일반 사람들보다 약 15% 정도 더 크고 두정엽과 측두엽 사이에 있는 고랑에 세포 수도 더 많았다고 합니다. 아인슈타인이 오랜 시간 물리학을 연구해 왔기 때문인지, 원래부터 발달한 것인지에 대해서는 과학자들마다 의견이 분분하지만 두정엽의 발달이 수학 능력과 관련 있다는 사실은 확실히 알 수 있습니다. 그래서 두정엽의 기능이 발달한 사람들은 수학이나 과학에서 우수한 성적을 거둘 확률이 높고 이 부위의 기능이 떨어지는 사람들은 그런

아인슈타인 (출처: 위키미디어커먼스)

과목에 취약할 수 있다는 거죠.

또 다른 예시도 있습니다. 서울대학교 이건호 교수가 상위 1%의 지능 지수를 가진 학생과 평범한 지능 지수를 가진 학생을 대상으로 과제를 풀도록 하고 뇌가 어떻게 움직이는지를 관찰했습니다. 그 결과 상위 1%에 속하는 영재들의 두정엽이 더 활발하게 움직였다고 하네요.

옥스퍼드대학교 연구 팀에서는 두정엽을 자극하는 실험을 했습니다. 대학생을 모집해 두정엽을 약한 전기로 자극한 집단과 전기 자극을 따로 주지 않은 집단으로 나누어 숫자 테스트를 했습니다. 그 결과, 두정엽을 자극한 집단이 더 좋은 성적을 얻었습니다. 심지어 반년이 지난 후에도 좋아진 숫자 감각이 그대로 유지된 사람들도 있었다고 합니다. 두정엽이 수학 능력에 영향을 미친다고 할 수 있겠죠.

수학이나 과학에는 거부감이 없으면서도 국어나 사회에는 취약한 친구들도 있습니다. 암기와 연관된 두뇌 부위 중 측두엽이 있습니다. 측두엽에는 언어 중추가 자리 잡고 있어서 언어의 이해와 처리, 단어의 인출을 담당합니다. 기억을 관리하는 해마가 측두엽 안쪽에 자리 잡고 있어서 장기 기억이나 복합 기억을 저장하고, 감각 피질을 통해 청각 정보를 해석합니다. 국어나 사회 같은 암기 과목엔 이해력과 암기력이 많이 요구되는데 따라서 측두엽이 발달한 사람들은 해당 과목을 훨씬 수월하게 익힐 수 있는 거죠. 즉, 어떤 뇌 부위가 더 발달했는지에 따라 특정 과목에 잘 맞을 수도 있다는 겁니다.

싫어하는 과목을 포기하게 되는 이유

사람의 뇌는 유전적 요인과 태어나서 자라는 동안 경험하는 환경적 요인에 따라 모두 다르게 발달하기 때문에 또래 사이에서도 편차가 발생할 수 있고 이에 따라 좋아하거나 싫어하는 과목이 나타날 수 있습니다.

안타깝게도 어떤 과목을 싫어하는 경우, 시간이 지나면서 그 과목을 포기하는 학생들이 많습니다. '수포자'나 '영포자' 같은 경우 해당 과목에서 좋은 점수를 받고자 하는 노력을 포기한다는 의미가 담겨 있으니까요. 왜 그럴까요? 가장 큰 이유는 스트레스입니다.

아무리 수업을 주의 깊게 들으려고 해도 선생님이 말씀하시는 내용을 이해하지 못하면 그 수업 시간은 스트레스가 되고 행여나 선생님들이 문제 풀이 같은 것을 시키기라도 할까 봐 가슴을 졸이고는 합니다. 수업이 두려움으로 바뀌는 거죠. 그럴 경우 스트레스 호르몬인 코르티솔이 대량으로 나옵니다.

코르티솔은 스트레스 상황을 해소하기 위해 근육을 긴장시키

학업을 방해하는 코르티솔

고 혈당을 높여 몸이 최대의 에너지를 내도록 합니다. 당연히 사고 활동을 하는 전두엽으로 흘러 들어가야 할 에너지는 줄고 말겠죠.

전두엽에 에너지 공급이 줄어들면 주의력이 떨어질 수밖에 없습니다. 어른들은 이런 것을 보고 공부 머리가 없다고 하지만 그렇지 않습니다. 차근차근 자신의 이해 수준에 맞추어 학습해 나간다면 충분히 따라잡을 수 있기 때문이죠. 시간이 조금 더 필요할 뿐 포기할 필요는 없습니다.

실제로 외국의 한 학교에서는 수학이 부진한 아이들을 선발하여 별도의 반을 구성한 후 그들의 수준에 맞추어 수업을 진행했습니다. 그러자 불과 2주 만에 성적 편차가 사라졌다고 합니다. 만일 지금 중학교 2학년인데 교과 내용을 이해하지 못하겠으면 중학교 1학년 과정을 다시 공부해 보세요. 그렇게 앞으로 돌아가 차근차근 기초 개념을 다지다 보면 현재 수업 과정도 잘 이해되는 순간이 올 거예요.

학교는 비슷한 또래의 학생들을 모아 놓고 동일한 내용을 가르칩니다. 매년 가르쳐야 하는 내용의 범위도 정해져 있습니다. 하지만 학생들의 이해도는 모두 다릅니다. 어떤 아이들은 수업 내용에 대한 이해도가 뛰어난 반면, 어떤 아이들은 앞선 학년에서 배운 내용에 대해 완전히 이해하지 못한 상태에서 새로운 내용을 받아들여야 합니다. 특정 과목이 너무 어렵다면 과감하게 자신만의 페이스에 맞추어 학습하는 것도 좋습니다.

수포자의 뇌는 어떻게 될까?

특정 과목을 포기하면 두뇌에 어떤 영향을 미칠 수 있을까요? 앞서 수학이나 과학은 주로 두정엽을 활용하고, 국어나 사회는 측두엽을 많이 활용한다고 설명했습니다. 물론 이 외에 전두엽이나 두뇌의 다른 부위들이 모두 관여해야 합니다.

수학이나 과학에도 측두엽이 쓰이고 언어나 사회를 학습하는 데도 두정엽의 기능이 필요합니다. 이 얘기는 모든 과목을 편중 없이 학습할수록 두뇌를 고르게 쓸 수 있다는 겁니다. 특정 과목을 포기하게 되면 해당 부위의 기능이 상대적으로 덜 발달합니다. 그래서 성인이 되었을 때 일상생활에서 맞닥뜨리는 여러 상황에서 다양한 문제를 해결하는 데 어려움을 겪을 수 있습니다. 그러니 힘들더라도 특정 과목을 피하기보다는 그 어려움을 해결할 수 있는 길을 찾으려고 노력하는 것이 바람직합니다.

4장

건강한 '뇌춘기'를 위하여

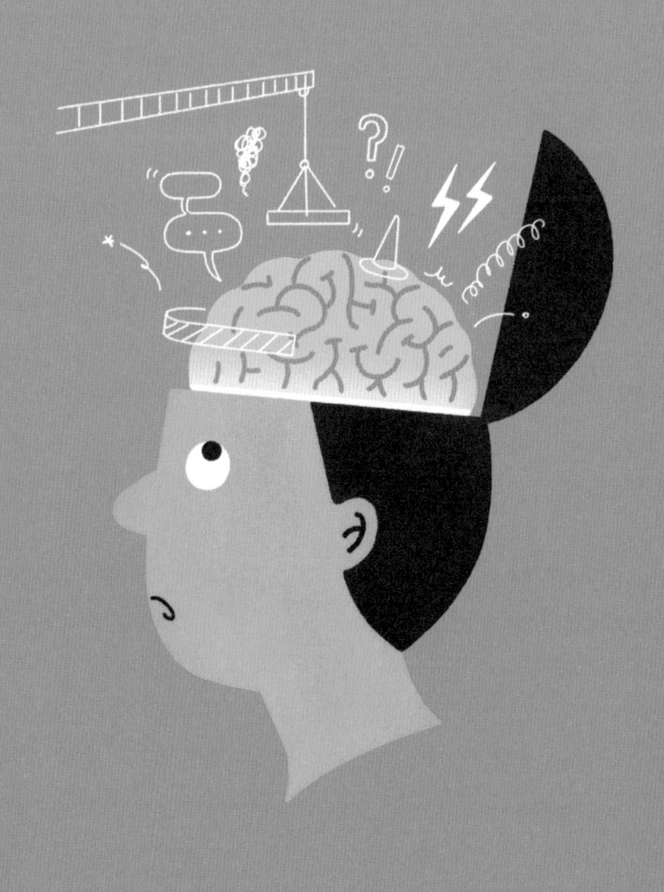

1

스마트폰을 많이 사용해도 괜찮을까?

요즘 스마트폰을 쓰지 않는 사람은 거의 없습니다. 스마트폰 없이는 일상생활이 불가능할 정도입니다. 그러다 보니 잠시라도 손에 스마트폰이 없으면 불안을 느끼곤 합니다. 깜빡하고 아침에 스마트폰을 들고 나가는 걸 잊기라도 하면 온종일 정신이 딴 데 가 있기도 하죠. 다른 사람들과 연락이 끊기면 답답함을 느끼고 남는 시간을 어떻게 보낼지 몰라 안절부절못하기도 합니다. 이렇게 스마트폰 없이는 잠시도 견딜 수 없는 상태를 스마트폰 중독이라고 합니다. 마치 술이나 담배에 중독되는 것처럼 특정 행동을 멈출 수 없게 되는 것을 '행위 중독'이라고 하는데 스마트폰에 지나치게 빠져 지내는 것도 여기에 해당합니다.

스마트폰에 중독되면 일상생활을 하면서도 스마트폰을 손에서 놓지 못합니다. 길을 걸으면서 스마트폰을 들여다보다가 누군가와 부딪히기도 하고 사고를 당할 가능성도 있죠. 이런 사람들을 뜻하는 '스몸비족'이라는 용어도 등장할 정도입니다.

'2020년 청소년 인터넷·스마트폰 이용 습관 진단 조사'에 따르면 인터넷과 스마트폰 중 하나 이상 과의존을 보인 청소년이 무려 17.1%에 이르며 인터넷과 스마트폰 모두 과다 의존 경향을 보이는 청소년은 6.3%에 이르렀다고 합니다. 거의 여섯 명 중 한 명꼴로 스마트폰 중독에 빠져 있는 셈이죠.

스마트폰을 많이 쓰면 어떻게 될까?

스마트폰을 지나치게 많이 사용하면 어떤 문제가 생길까요? 우선 숙면을 취하는데 어려움을 겪을 수 있습니다. 그렇지 않아도 절대적으로 잠이 부족한 청소년기에 밤늦게까지 스마트폰을 사용하게 되면 잠의 질이 떨어져 더욱 피곤해지고 정신 건강에도 이상이 생길 수 있습니다.

스마트폰과 같은 전자 기기에서는 빛이 나옵니다. 이 빛이 잠을 자는 데 방해가 될 수 있는데 특히나 청색 파장이 그렇습니다. 아이 패드 같은 터치형 전자 기기의 화면에서는 청색 파장이 많이 방출되는데 이 파란색 빛이 멜라토닌의 분비를 방해합니다.

앞서 언급한 바 있는 수면 전문가 매슈 워커는 사람들을 모집한 후 아이 패드가 수면에 미치는 영향을 조사했습니다. 참가자들에게 잠자기 전에 2시간 동안 아이 패드를 사용하도록 한 거죠. 그 결과, 수면 호르몬인 멜라토닌의 분비량이 무려 23%나 줄

수면을 방해하는 청색 파장

었다고 합니다.

다른 실험 결과도 있는데요, 종이책을 읽는 경우와 전자 기기를 이용하여 책을 읽는 경우를 비교해 본 겁니다. 건강한 성인들을 모집하여 2주 동안 함께 지내도록 한 후 매일 밤, 잠자리에 들기 전에 몇 시간 동안 종이책을 읽거나 아이 패드 같은 전자 기기로 책을 읽도록 했습니다. 아이 패드로는 오직 책만 읽어야 하고 메일을 보내거나 인터넷 검색을 할 수는 없었습니다. 순수하게 독서만 하도록 조치한 거죠. 한 주는 종이책을 읽고 또 한 주는 아이 패드를 이용하여 전자책을 읽도록 한 겁니다.

실험 결과, 놀랍게도 아이 패드를 이용하여 독서를 한 경우에는 종이책을 읽은 것에 비해서 멜라토닌 분비가 50% 이상 줄었다고 합니다. 종이책을 읽을 때는 밤이 깊어 가면서 자연스럽게 멜라토닌 농도가 올라가고 졸음이 찾아와 쉽게 잠들 수 있었지만 아이 패드를 이용하여 책을 읽을 때는 잠 오는 시간이 늦춰졌다고 합니다. 게다가 잠에 빠져들기까지 걸리는 시간도 종이책을 읽었을 때에 비해 훨씬 길었다고 하네요.

앞서 설명한 것처럼 멜라토닌 분비가 제대로 이루어져야 잠을 잘 수 있습니다. 그런데 그 양이 줄어든다면 쉽게 잠이 들지 못하겠죠. 불을 끄고 잠을 자려고 해도 잠이 오지 않아 뒤척일 가능성이 높습니다.

스마트폰에서도 아이 패드와 같이 청색 파장이 나오기 때문에 멜라토닌 분비를 지연시켜 쉽게 잠에 들지 못합니다. 잠을 못 자게 되면 일주기 리듬이 깨지면서 우울증에 걸릴 확률이 높아집니다.

아침이 되어 빛이 망막에 들어오면 세로토닌이 분비되고 어두워지면 멜라토닌이 분비되면서 하루 24시간에 맞게 일주기 리듬이 바뀌어야 하는데 청색 불빛은 뇌에 아직 밝다는 신호를 줍니다. 그에 따라 멜라토닌 분비가 계속 늦춰지면서 수면 시간은 줄어듭니다. 하지만 아침이면 정해진 시간에 맞춰 침대에서 일어나야 하고 이런 패턴이 반복되면서 피로가 쌓이면 일주기 리듬이 망가질 수밖에 없습니다. 몸 안의 균형이 깨지게 되면 병에 걸리기 쉬운데 수면 장애가 오는 것은 물론 정신 건강에도 해롭죠.

실제로 스마트폰에 중독된 사람은 그렇지 않은 사람들에 비해 정신 건강에 문제가 있을 가능성이 상대적으로 높습니다. 서울대학교 민경복 교수 팀의 연구에 따르면 일상생활에서 지나치게 스트레스를 많이 받거나 우울증, 불안감 등의 증세를 보이는 사람들은 그런 질환이 없는 사람들에 비해 2배 가까이 스마트폰을 사용하는 시간이 길었다고 합니다. 또한 자살을 생각한 적이 있는 사람들은 2.24배나, 지나친 스트레스에 시달리는 사람들은 2.19배나 스마트폰에 중독될 확률이 높았습니다.

스트레스나 우울증, 불안감 등이 심한 경우, 과도한 스마트폰의 사용이 감정을 통제하고 호르몬 분비를 조절하는 뇌의 기능을 약화시키는 원인이 될 수 있는 거죠. 그래서 정신 건강에 영향을 미치지 않도록 사용 시간을 조절할 필요가 있습니다. 하지만 그게 말처럼 쉽지는 않습니다.

사람들은 왜 스마트폰에 중독되는 걸까?

사람들은 왜 쉽게 스마트폰에 중독되는 걸까요? 그 이유 중 하나로 보상을 추구하는 뇌의 특성을 꼽을 수 있습니다. 사람들은 일상생활에서 보상을 추구합니다. 기분 좋은 상태에 있고 싶어 하죠.

친구와 채팅을 하거나, 음악을 듣거나, 책을 읽거나, 야한 동영상을 보기도 하는데 이 모든 것이 보상과 관련 있습니다. 그런데 또 사람들은 빠른 보상을 원합니다. 맛있는 음식을 먹으면 바로 기분이 좋아지죠. 행동을 취하는 즉시 보상이 주어지는 겁니다. 반면에 독서는 책을 다 읽을 때까지 보상받지 못할 수도 있습니다. '완독했다는 뿌듯함' 즉, 보상이 주어지는 시간이 길어지는 거죠.

스마트폰은 빠른 보상과 관련되어 있습니다. 손가락 몇 번만 움직이면 자신이 원하는 것을 무제한으로 찾아 즐길 수 있습니다. 언제든지 유튜브에 들어가 좋아하는 아이돌의 뮤직비디오를 찾아볼 수 있습니다. 반응이 빠르게 나타나고 보상을 얻을 수 있는 시간도 그만큼 빨라지는 거죠. 그러다 보니 나이에 상관없이 원하는 것을 즉시 얻을 수 있고 만족을 느낄 수 있는 스마트폰에 빠져들게 되고 사용 시간에 내성이 생기면서 중독으로까지 이어지는 것입니다.

안타깝게도 스마트폰을 지나치게 많이 사용하면 두뇌 발달에 좋지 않은 영향을 줍니다. 두뇌는 마치 근육과 같습니다. 매일 꾸준히 아령을 들면 팔에 근육이 만들어지고 한번 만들어진 근육은 쉽게 빠지지 않지만 아무 운동도 하지 않으면 근육은 쉽게 만들어지지 않습니다. 이처럼 뇌도 자주 쓰는 기능은 신경 회로의 연결이 더욱 튼튼해지고 자주 사용하지 않는 기능은 연결이 약해져서 사라지기도 합니다.

뇌는 기능별로 혹은 부위별로 집중적으로 발달하는 시기가 있습니다. 어떤 시기에는 시각이, 어떤 시기에는 청각이, 또 어떤 시기에는 촉각이 집중적으로 발달합니다. 만일 이 시기에 그에 적합한 자극을 받지 못하면 뇌 안에서 그 기능은 퇴화합니다. 너무 어려서부터 스마트폰을 보고 있으면 이러한 기능을 담당하는 뇌 부위에 자극이 가기 어렵고 감각이 다양하게 발달하기 힘들어지겠죠.

청소년기 뇌 안에서는 신경 회로를 연결하고 불필요한 신경 회로는 제거하는 가지치기가 일어납니다. 뇌가 무엇을 단단하게 연결할 것인지, 무엇을 제거하고 연결을 끊을 것인지를 정하는 기준은 빈도입니다. 즉 무언가를 자주 하면 할수록 뇌는 그와 관련된 신경 회로의 연결을 강화하려고 합니다. 반면에 자주 쓰지 않는 기능은 있으나 마나 한 것으로 여기고 관련된 신경 회로의 연결을 차단하거나 최소한의 기능만 유지하려고 합니다.

공부를 많이 하면 기억이나 학습과 관련된 신경 회로들이 발달하고 운동을 자주 하면 운동과 관련된 신경 회로들이 발달할 겁니다. 그런데 스마트폰은 주로 시각 피질에만 자극을 줍니다. 두뇌의 모든 부위를 고르게 발달시키는 것이 아니라 시각적인 정보를 처리하는 부위만 강화하는 거죠. 하루 종일 스마트폰을 붙잡고 있느라 다른 일을 하지 못한다면 그만큼 다른 두뇌 부위를 자극할 수 있는 기회는 사라지는 셈입니다.

그럴 경우 뇌는 스마트폰을 통해 받아들인 정보를 처리하는 데 필요한 신경 회로를 강화하고 나머지는 불필요한 것이라 여겨 과감하게 가지치기를 해 버립니다. 신경 회로를 끊어 버리거나 약화시키는 거죠. 이렇게 되면 시각 중추 외 다른 두뇌 부위를 활용해

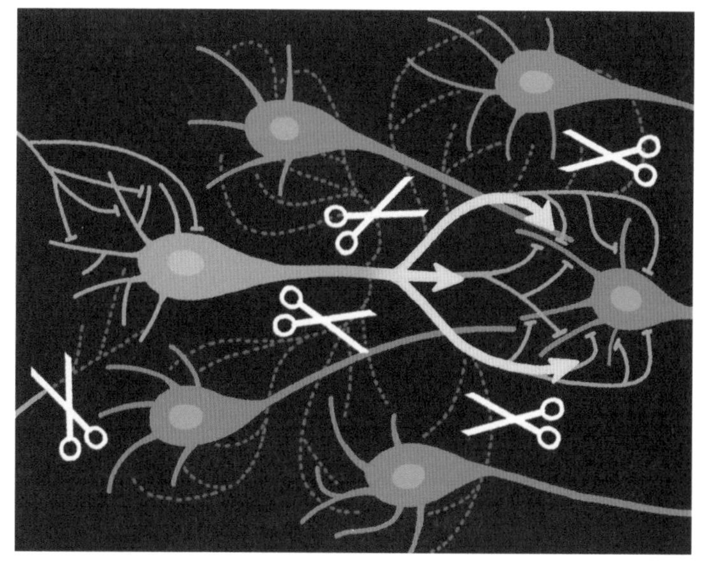

불필요한 신경 회로의 가지치기

문제를 해결할 때 어려움을 겪을 수 있습니다.

스마트폰으로 인해 삶은 편리해졌지만 그만큼 내주어야 하는 것도 많아졌습니다. 스마트폰에 지나치게 의존하게 되면 두뇌가 고르게 발달하지 않아 학습 능력은 물론 정서적인 측면에서도 문제가 생길 수 있습니다. 쉽지는 않겠지만 하루에 일정한 시간만 정해서 스마트폰을 사용하고 그 시간이 넘어가면 되도록 스마트폰을 사용하지 않으려고 노력해야 합니다. 특히나 밤늦은 시간에 스마트폰을 쓰는 일은 자제해야겠지요.

2

책 읽기가 두뇌 발달에 도움이 될까?

여러분은 책을 자주 읽나요? 요즘은 스마트폰을 비롯하여 각종 미디어 기기들과 인터넷이 발달해서 상대적으로 책 읽기에 집중할 수 있는 시간이 많이 줄었죠. 뇌는 늘 즐거움을 추구하지만 책 읽기는 보상이 늦은 편입니다. 한 권의 책을 읽고 만족을 느끼기 위해서는 꽤 많은 시간을 투자해야 하니까요. 그래서 즉시 보상을 주는 스마트폰이나 게임 등에 비해 흥미를 느끼기가 쉽지 않습니다. 그러다 보니 점점 더 책 읽기와 멀어지는 것 같은데 독서가 두뇌 발달에 가장 효과적이라는 사실을 알고 있나요?

두뇌를 활성화시키는 독서

책을 읽을 때 두뇌는 활발하게 움직입니다. 두뇌의 전 영역이 고르게 활성화되고 신경 회로 간의 연결이 강화됩니다. 이성적이고 논리적인 사고를 담당하는 전두엽은 물론, 수학적 계산이 이루어지는 두정엽, 청각 자극에 반응하고 기억을 형성하는 측두엽, 그리고 시각 정보를 처리하는 후두엽 등 대뇌 피질의 모든 영역이 활성화됩니다. 워싱턴대학교의 연구 팀에 따르면 난도가 높지 않은 책을 읽을 때도 두뇌의 17개 영역이 관여한다고 하네요.

반면에 게임을 하거나 스마트폰으로 동영상을 볼 때는 오로지 뇌의 일부 영역만 활성화됩니다. 그 영역이 어디일까요? 바로 뒤통수 쪽에 자리 잡고 있는 후두엽입니다. 후두엽은 주로 시각 정보를 처리합니다. 즉 시각적 자극에 많이 반응하는 것이라 할 수 있죠. 조금 더 자세히 살펴볼까요?

게임과 독서의 두뇌 활용도 차이

책 읽기는 눈을 통해 글을 읽어 들이는 행위입니다. 따라서 시각 정보를 처리하는 후두엽 부위가 활성화됩니다. 후두엽의 시각 피질로 전달된 시각 정보는 두정엽과 측두엽의 두 갈래로 갈라져 처리됩니다. 정수리 주위에 위치한 두정엽과 관자놀이 안쪽에 있는 측두엽에서는 글자를 단어로 변환하고 그것을 다시 사고로 전환하는 일이 이루어집니다. 일반적으로 책을 많이 읽는 사람일수록 사고 수준이 높은데 글을 단어로, 단어를 사고로 전환하는 훈련을 자주 반복하다 보니 사고의 수준도 자연스럽게 높아진 것이라 할 수 있습니다. 사고력이 높아지면 자신의 생각을 말이나 글로 표현하는 것이 수월해집니다.

두정엽이 활성화되면 기억을 만들고 저장하는 측두엽 부위와 연계하여 정보 저장 능력이 좋아져 이해력도 높아집니다. 사고력과 이해력 모두 성장할 수 있는 거죠. 학습에서도 상대적으로 좋은 성적을 거둘 수 있습니다. 고등 과정으로 올라가면 문제나 지문의 길이가 긴 시험 문제가 자주 출제되는데 꾸준히 책을 읽으면 사고력과 이해력이 높아지기 때문에 그런 문제를 푸는 데 유리합니다. 믿기 어렵겠지만 책을 제대로 읽기만 해도 수학 점수가 올라갈 수 있습니다.

책 읽기는 상상력을 높여 주는 데도 도움을 줍니다. 이에 관련된 재미난 연구 결과가 있는데요, 책을 읽으면 언어 중추가 발달하는 것은 물론 샴푸, 향수, 악취 등과 같이 냄새를 떠올릴 수 있는 단어를 읽으면 냄새를 감지하는 영역이 덩달아 활성화된다고 합니다. 냄새와 상관없는 '책상', '라디오' 같은 단어를 읽을 때는 반응하지 않던 후각 피질이 냄새를 떠올리게 하는 단어를 읽을 때는 활성화된 것이죠.

다른 연구에서도 비슷한 결과가 나타났습니다. '그녀의 머릿결은 비단처럼 부드러웠다.'라는 글을 읽으면 마치 손으로 비단을 만지는 것과 같이 촉감을 느끼는 감각 피질이 활성화되었다고 합니다. '영준이가 손뼉을 쳤다.'나 '갑자기 동철이가 빠르게 뛰어가기 시작했다.'와 같이 동작이 연상되는 글을 읽을 때면 운동을 관장하는 피질이 동시에 활성화되었고요.

책을 한 권 읽는 동안 촉각, 후각, 미각, 청각, 시각 등의 감각이나 동작을 묘사하는 문장이 얼마나 많이 나올까요? 셀 수 없이 많을 겁니다. 그러니 어쩌면 책을 읽는 내내 두뇌가 지속적으로 자극을 받는 것이라 할 수 있겠죠. 자극받은 뇌는 활성화될 수밖에 없고 활성화된다는 것은 그만큼 기능적으로 발달할 가능성이 높다는 것을 의미합니다.

이러한 두뇌 활동은 높은 창의력으로 이어집니다. 따라서 책을 많이 읽는 사람들이 창의력이 높은 경우가 많은데요. 창의력은 풍부한 상상력을 바탕으로 자라나기 때문입니다. 책을 읽으며 상

뇌의 감각 피질에 영향을 주는 독서

상으로 얻은 다양한 경험들은 창의적인 생각을 만들어 내는 좋은 재료가 되죠.

한 연구에서는 소설을 읽고 난 후에 만들어진 신경 회로가 책을 다 읽고 난 후에도 일정 기간 지속된다는 것을 밝혔습니다. 에모리대학교의 그레고리 번스 교수에 의하면 소설을 읽는 동안 뇌의 신경 구조가 소설 내용에 따라 변화되었다고 합니다. 이 신경 구조는 5일이 지나도 계속해서 남아 있었습니다. 즉, 꾸준히 책을 읽으면 신경 회로 간의 결합을 더욱 단단하게 만들 수 있고 사고나 감각을 발달시키는 데도 도움이 된다고 할 수 있습니다. 독서의 장점은 이 뿐만이 아닙니다.

사회성을 길러 주는 책 읽기

인간에게 가장 필요한 역량 중 하나는 다른 사람들과 잘 어울려서 살아갈 수 있는 사회성입니다. 책을 읽게 되면 사람에 대한 공감 능력이 높아져서 자연스럽게 사회성이 길러질 수 있습니다.

예컨대, 소설을 읽을 때면 언어 중추가 있는 좌측 측두엽과 감각 피질, 운동 피질 등이 동시에 변화하면서 책을 읽는 사람을 마치 주인공이 된 것처럼 느끼게 만들고 이러한 경험이 다른 사람의 마음을 이해할 수 있는 역량으로 이어진다는 거죠. 책을 읽으면서 주인공의 상황에 공감하여 안타까워하거나 즐거워하거나 눈물을 흘린 적이 있지 않나요?

실제로 학교에 들어가기 전에 책을 많이 읽은 아이들일수록 입학 후에 다른 아이들과 잘 어울린다고 합니다. 또 다른 연구 결과에 따르면 소설을 읽는 사람들은 다른 사람을 이해하는 능력이 더욱 뛰어나다고 하네요. 다른 사람의 감정 상태에 공감하거나 다양한 관점에서 세상을 바라보는 능력도 좋다고 합니다.

한 사람의 인간관계는 구사하는 언어 수준에 따라 달라질 수 있습니다. 책을 많이 읽게 되면 언어 구사 능력에도 영향을 주어 사회적 관계의 질과 범위에도 변화가 생기게 되지요.

수포자에게 독서가 필요한 이유

언어는 학습 및 기억과 밀접한 관련이 있습니다. 자신이 쉽게 설명할 수 있는 것, 자신만의 언어로 표현할 수 있는 것들은 이해가 잘 되고 장기 기억으로 남아 있을 가능성이 높습니다. '중력'이 무엇인지 누구라도 알아들을 수 있게 자신만의 표현으로 쉽게 설명할 수 있다면 그 사람은 중력이라는 개념에 대해 완전히 이해하고 있다는 걸 뜻한다고 할 수 있습니다.

하지만 자신의 언어로 표현할 수 없는 것들은 기억에 오래 남아 있을 수 없습니다. 공부를 하다 보면 이해하기 어려운 개념이 나올 때도 있는데 이때 그 개념을 자신의 언어로 해석하여 쉽게 받아들일 수 있다면 그 내용에 대한 이해도 수월해지고 기억도 오래갈 수 있습니다.

앞서 말한 것처럼 책을 읽으면 어휘와 표현력이 풍부해지고 자신의 사고나 감정을 표현하는 것이 쉬워집니다. 수학이나 과학과 같은 과목은 수치를 계산하는 학문이라고 알고 있지만 그 결괏

값을 얻는 과정에서는 논리적 사고가 우선되어야 합니다. 그래서 제시된 문제를 올바르게 이해하고 어떻게 접근해야 하는지 논리적으로 정리하는 과정이 따르는데 책 읽기를 많이 한 사람들은 이러한 과정을 수월하게 해낼 수 있습니다.

책 읽기는 작업 기억 역량을 높이는 데도 큰 효과가 있습니다. 어떤 내용을 읽었고 무엇이 기억에 남았는지 떠올리는 과정에서 기억을 저장하고 활용하는 작업 기억 용량이 커지는 것이죠. 독서가 사람의 언어 능력뿐만 아니라 전체적인 뇌 기능 발달에도 좋은 영향을 준다는 것을 알 수 있습니다.

어릴 때부터 책을 많이 읽으면 어떻게 될까?

예일대학교의 샐리 셰이위츠 교수에 따르면 어렸을 때부터 책을 많이 읽은 아이들의 경우 언어 중추가 있는 좌측 측두엽이 일찍부터 발달해 어떤 책을 읽어도 어려움을 겪지 않지만 어려서 책을 많이 읽지 않은 아이들은 책을 읽을 때 좌측보다는 우측 측두엽이 더 활성화되는 경향이 있다고 합니다.

말을 듣고 해석하고 이해하는 과정을 담당하는 언어 중추는 좌측 측두엽에만 있고 우측 측두엽에는 없습니다. 그런데 책을 읽을 때 우측 측두엽이 활성화된다는 것은 언어 중추의 기능이 제대로 발휘되지 못하고 있다는 얘기겠죠. 결국 책을 많이 읽은 아이들보다 다른 사람의 말을 알아듣고 의사 표현을 하는 데 시간이 좀 더 걸릴 수 있습니다.

보상에 민감한 청소년기에는 즉각적인 보상을 받을 수 있는 스마트폰이나 게임에 더욱 관심이 많을 수밖에 없습니다. 하지만 스마트폰과 게임은 두뇌의 특정 영역만 쓰기 때문에 편향된 두뇌 발달로 이어질 수 있습니다. 두뇌를 고르게 발달시키기 위해 다소 지루하고 힘들더라도 책 읽기에 조금 더 흥미를 가져 보는 게 어떨까요?

3

사춘기에는 왜 술과 담배에 관심이 높아질까?

'노담'이라는 공익 광고가 있습니다. 담배의 유혹에 흔들리는 친구에게 담배를 피우지 않았으면 좋겠다고 권고하는 다양한 학생들의 모습을 보여 주는데요. 이런 공익 광고가 라디오나 TV와 같은 공중파 방송을 통해 나온다는 것은 그만큼 담배를 피우는 청소년이 많다는 것을 뜻하기도 하겠죠. 담배를 피우는 나이가 어려져서 담배를 피우는 초등학생도 있다고 하니 놀라지 않을 수 없네요. 담배뿐 아니라 술을 마시는 청소년도 많습니다. 술에 취해 자동차를 몰고 다니다 사고를 내거나 폭력에 얽힌 청소년의 이야기를 뉴스를 통해 심심찮게 들을 수 있으니 말입니다. 담배나 술은 성인에게도 백해무익하지만 성장기인 청소년에게 특히 더 해롭습니다. 그럼에도 불구하고 청소년은 담배와 술의 유혹에 쉽게 넘어갑니다. 그 이유는 무엇일까요?

사춘기 청소년들은 왜 중독에 약할까?

사춘기에 들어서면 뇌 안에 호르몬의 분비가 늘어납니다. 이 시기에는 감정의 뇌인 변연계가 거의 다 발달했기 때문에 변연계에서 분비되는 호르몬의 양도 이전에 비해 많아질 수밖에 없습니다. 그중에서도 눈에 띄게 많이 분비되는 호르몬이 있습니다. 바로 보상과 관련된 도파민입니다.

도파민은 기분을 좋게 하는 신경 전달 물질인데 뇌 안에서 도파민이 분비되면 '쾌락 중추' 혹은 '보상 중추'라고 불리는 부위가 활성화되며 기분 좋은 감정을 느끼게 됩니다. 쾌감을 느끼기도 하고 흥분된 감정을 느끼기도 하죠. 사춘기 때 도파민 수치는 일생에서 가장 높습니다. 청소년기에 정점을 찍고 그 이후에 점차 감소합니다.

'보상'이란 무언가 기대한 행위에 대한 긍정적인 피드백을 말합니다. 도파민은 중독성이 있어서 특정 행위에 빠지게 합니다. 예를 들어 처음 담배를 피울 때 드는 몽롱한 기분을 좋다고 느끼면 그 기분을 다시 느끼기 위해 또 담배를 피우게 됩니다. 행위를 반복하도록 부추기는 거죠. 그런데 중독에는 내성이 따릅니다.

처음에는 한 번으로 만족하던 것도 시간이 지나면서 내성이 생겨 점점 큰 강도의 자극을 주어야만 만족하게 되는 것이죠. 이에 따라 담배를 피우는 횟수가 늘어납니다. 사람들이 알코올 중독

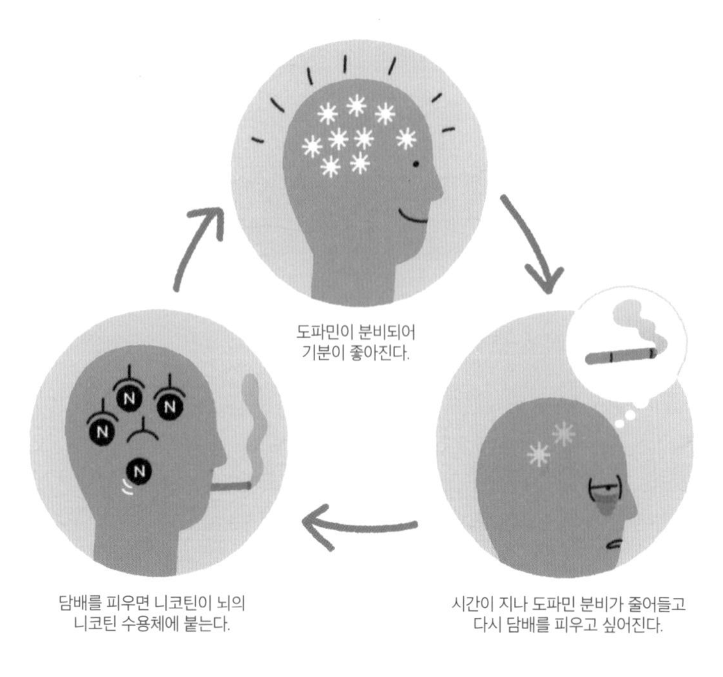

중독을 부르는 담배

에 빠지거나 자꾸 야한 동영상을 찾아보는 것도 마찬가지입니다. 뇌가 행위의 강화를 통해 쾌감의 강도를 보충하는 것이죠.

청소년의 경우 보상에 아주 민감한데 이와 관련하여 한 가지 실험을 했습니다. 코넬대학교의 교수들이 어린아이들과 청소년, 성인들을 대상으로 도박성 과제를 준 후 그때 뇌의 활성화 패턴을 관찰했습니다. 그 결과 실험에서 보상의 크기가 클수록 청소년의 보상 중추가 어린아이나 성인에 비해 크게 활성화됐다고 합니다. 돌아오는 대가가 크면 클수록 쾌감을 크게 느낀다는 거죠. 반면 보상의 크기가 작아지면 보상 중추의 활성화도 상대적으로 적어졌다고 하네요.

이 실험 결과는 어린아이나 성인보다 청소년이 보상에 더욱 민감하다는 것을 보여 줍니다. 작은 보상보다는 큰 보상에 더욱 끌리는 거죠. 그래서 청소년기에는 큰 보상을 받을 수 있는 일에 빠져들 가능성이 높은데 그러다 보면 위험을 감수하는 일도 생깁니다.

청소년기에 담배나 술과 같은 해로운 물질을 가까이하는 이유도 이와 관련되어 있다고 할 수 있습니다. 담배나 술은 청소년에게 금지된 물질이죠. 그래서 쉽게 손에 넣을 수 없습니다. 금지된 것을 어른들의 눈을 피해 몰래 하게 되면 짜릿한 기분을 느낄 수 있습니다. 위험할수록 쾌감도 커지는 것이죠. 독립된 개체로 인정받고 싶은 마음에 담배나 술을 접함으로써 성인이 된 듯한 착각을 느끼기도 합니다. 게다가 담배나 술은 중독성이 있기 때문에 쉽게 끊을 수 없습니다.

결국 청소년기에 민감한 보상 중추가 술과 담배를 접할 때 활성화되면서 행복 호르몬인 도파민이 분비되고 이 행위가 반복되며 중독으로 이어진다고 할 수 있습니다.

청소년기 두뇌 발달에 해로운 담배와 술

담배와 술은 청소년기 두뇌 발달에 심각한 해를 끼칩니다. 아직 전두엽이 발달 중인 청소년기에 술을 마시면 뇌세포가 손상되기 쉽고 이에 따라 사고 능력이 떨어져 학습 장애를 겪을 수 있습니다. 성장 호르몬 분비를 억제하여 발육 부진의 원인이 되기도 합니다.

담배를 피우면 니코틴 성분이 혈액을 타고 뇌로 흘러 들어갑니다. 이렇게 뇌로 들어간 니코틴은 주의력을 떨어뜨리고 기억력을 감퇴시킵니다. 중독에 약한 청소년기에 니코틴 중독에 빠지기 쉽고 중독되는 속도도 성인보다 빨라서 청소년기 흡연은 훨씬 더 위험합니다.

게다가 담배를 자주 피우면 전두엽의 활동이 줄어든다고 합니다. 청소년기에는 전두엽의 발달이 활발하게 이루어지는데 흡연을 하게 되면 전두엽의 성숙에 나쁜 영향을 주는 거죠. 뇌는 활성화될수록 강화되는 특성이 있습니다. 반대로 활동이 줄어들면 퇴화되죠. 청소년기에 담배를 피워 전두엽의 활동이 저하되면 성인이 되어서도 전두엽의 기능이 떨어질 수 있습니다.

또한 청소년기 성장하는 뇌에 니코틴과 같은 중독 물질이 들어가면 뇌에서 분비되는 신경 전달 물질이나 시냅스의 발달에 변화를 가져올 수 있습니다. 예를 들어 뇌에서 세로토닌을 만들어 내는 신경 경로가 손상을 입으면 세로토닌의 분비가 줄어들 수 있는 것이죠.

세로토닌은 사랑과 행복, 만족감을 느끼게 하는 신경 전달 물질로 일상생활에 활력을 줍니다. 그렇기 때문에 세로토닌이 적게 나오면 우울증에 걸릴 수도 있습니다. 우울증을 겪는 사람들의 뇌를 들여다보면 세로토닌의 양이 우울증을 겪지 않는 사람들에 비해 훨씬 적습니다. 청소년기에 담배를 피워 신경 회로에 이상이 생기고 그 결과 세로토닌 분비가 줄면 우울증에 빠질 수 있는 거죠. 실제로 10대 때부터 담배를 피운 사람들은 우울증에 걸릴 확률이 담배를 피우지 않은 사람들에 비해 높다고 합니다.

세로토닌은 멜라토닌과도 연관이 있습니다. 낮에 분비된 세로토닌이 밤이 되어 멜라토닌으로 바뀌면서 밤에 잠을 잘 이룰 수 있게 해 주는데 흡연으로 인해 세로토닌이 부족하면 멜라토닌의 양도 부족해져 쉽게 잠을 이루지 못하고 불면증에 시달릴 수 있는 거죠. 그리고 불면증은 다시 우울증을 일으키며 또 세로토닌의 분비가 줄어드는 악순환으로 이어집니다. 담배를 피우는 것이 그리 좋지 않다는 걸 알 수 있겠죠?

더 안 좋은 것은 흡연이 음주와도 밀접한 관련이 있다는 겁니다. 청소년기에 흡연을 시작한 사람일수록 술을 마실 가능성이 3배나 높고 담배를 통해 니코틴에 장기간 노출되면 알코올에 대한 내성도 증가한다고 합니다. 담배를 피우지 않는 사람에 비해 더 많은 술을 마시게 된다는 거죠. 술에 포함된 알코올 역시 혈액을 타고 뇌로 흘러 들어가 많은 문제를 일으킵니다.

알코올은 장기적으로 신경 세포의 연결을 파괴합니다. 글루타메이트glutamate는 신경 세포 간의 연결 부위인 시냅스가 만들어지면서 발생하는 신경 전달 물질입니다. 이 물질이 많을수록 뇌 안에서 더욱 많은 신경 회로가 만들어지고 그만큼 두뇌 활동이 활발해지는 거죠. 술을 마실 때 이 물질의 활동이 줄어든다는 것

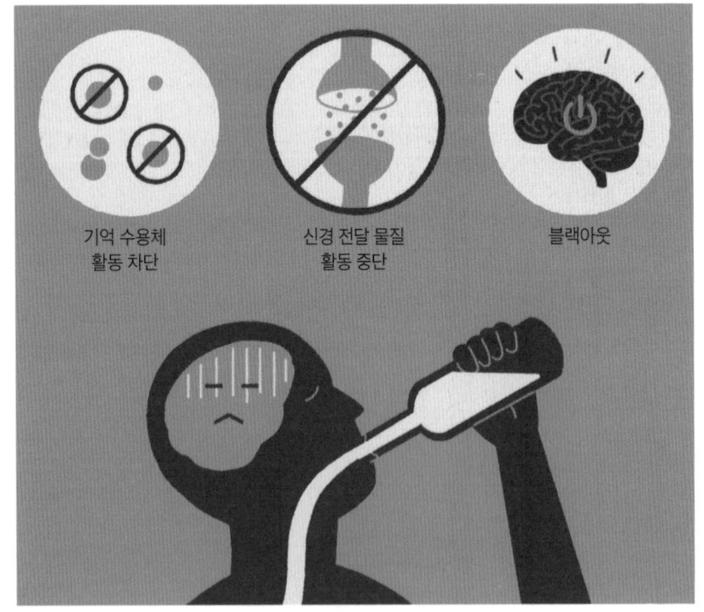

두뇌 활동 저하를 부르는 알코올

은 전기 신호를 만들어 자극을 전달하는 신경 회로의 연결이 줄어든다는 것을 뜻합니다. 이는 두뇌 활동이 느려진다고 해석할 수 있습니다.

새로운 지식을 배우는 청소년기에는 두뇌 안의 신경 연결이 많을수록 정보를 받아들이고 이해하는 데 유리합니다. 신경 연결이 끊어지게 되면 그만큼 학습에 부정적인 영향을 주겠죠.

청소년기에 단순한 호기심으로 흡연과 음주를 시작할 수 있지만 이러한 행위들은 중독으로 이어져 평생 습관으로 굳어질 수 있습니다. 뇌에도 좋지 않은 영향을 미칠 수 있으니 보다 건강한 삶을 살기 위해서는 흡연이나 음주를 하지 않는 것이 바람직하겠죠.

사춘기가 되면 우울해지는 친구들이 많은 이유는 뭘까?

사춘기에는 말수가 눈에 띄게 줄어들고 가족들과 같이 있는 자리를 피해 혼자 있는 시간이 늘어나거나 자주 신경질을 내는 일이 많아집니다. 사소한 일에도 깔깔대며 웃다가 언제 그랬냐는 듯 시무룩한 모습을 보이는 등 변덕을 부리기도 합니다. 가끔은 감당할 수 없는 사고를 치기도 하고 때로는 지독하게 게으름을 피우기도 합니다. 개인에 따라서는 특별한 이유 없이 가슴이 공허하거나 무기력한 감정을 느끼기도 합니다. 사소한 일에도 상처받고 눈물을 흘리기도 하며 심한 경우 자기 자신에 대한 믿음을 잃고 부모를 원망하는 마음까지 생깁니다.

이런 모습을 보일 때 대부분의 어른은 사춘기라 여기고 대수롭지 않게 넘깁니다. 청소년 스스로도 자신의 변화에 대해 심각하게 생각하지 않습니다. 이렇듯 사춘기 때 청소년의 심리 변화와 우울증의 증상이 비슷하다 보니 청소년 우울증은 다른 연령대에 비해 파악하기 어렵습니다.

사춘기 아니고 우울증입니다

우울증은 심각한 정신 질환 중 하나입니다. 우울증에 걸리면 매사에 의욕을 잃고 무기력한 상태에 빠지게 되며 사람들로부터 자신을 스스로 고립시키기도 합니다. 인간관계가 단절되는 거죠. 심한 경우 삶에 대한 회의와 절망감을 느낄 수 있고 스스로 목숨을 끊을 수도 있습니다. '2021 청소년 통계'에 따르면 중·고등학생 25.2%가 최근 1년 이내에 우울감을 느낀 적이 있다고 합니다. 네 명이 모이면 그중 한 명은 우울감을 느끼는 셈이니 적은 숫자라고 할 수 없습니다.

2011년부터 2020년까지 우리나라 청소년 사망 원인 1위는 자살이었습니다. 자살하는 이유는 다양하지만 삶에 의욕을 느끼지 못할 정도의 우울감을 느낀다는 점에서 공통점이 있기 때문에 우울증과도 연관이 있습니다. 이처럼 많은 청소년이 우울한 감정을 느끼고 있고 그로 인해 안타까운 선택을 할 위험이 있다는 거죠. 그럼에도 '사춘기라 그래.'라며 본인이나 주위 어른들 모두 대수롭지 않게 여기고 넘어가는 경우가 많습니다. 하지만 우울증을 단순히 사춘기 때문이라 여기기보다는 적극적으로 관심을 가지고 치료해야 할 증상으로 보아야 합니다.

청소년 우울증도 뇌 때문이라고?

우울증에 걸리는 주요한 원인은 신경 전달 물질과 호르몬의 불균형입니다. 우리 몸에서 분비되는 화학 물질은 신체에 어떤 일을 하라고 신호를 주는 역할을 합니다. 성장을 촉진하고 슬픔이나 기쁨 같은 감정을 느끼게 해 줍니다.

이러한 화학 물질은 늘 균형 잡힌 상태로 있어야 합니다. 그중에서도 특히나 세로토닌은 각성 상태를 유지하고 쾌활하고 명랑한 기분이 되도록 만들어 주기 때문에 그 양이 부족해질 경우 우울해질 수 있습니다. 감정이 가라앉고 무슨 일에도 즐거움을 느끼지 못하며 매사가 부질없게 느껴져 의욕을 잃게 됩니다. 그런데 청소년기에는 세로토닌이 다른 시기에 비해 무려 40%나 적게 분비된다고 합니다. 세로토닌은 햇볕을 쬘 때 많이 분비되는 호르몬인데 청소년기에는 햇빛을 받고 활발하게 활동할 수 있는 시간이 상대적으로 적기 때문이 아닐까 싶습니다.

우울증에 걸린 사람들의 대다수는 극도의 무기력함을 느낍니다. 속으로는 '이렇게 있어서는 안 되는데….' 하면서도 손발이 천근만근 무거운 납덩이가 된 것처럼 꼼짝을 못 합니다. 그 정도가 심해지면 극단적인 선택에 이를 수도 있고요. 그렇다면 사춘기 청소년에게 우울증이라는 무서운 질환은 왜 찾아오는 걸까요?

청소년기에 우울증에 걸리는 이유

청소년기에는 많은 고민을 할 수밖에 없습니다. 특히 학업 성적에 많은 관심을 둡니다. 당사자도 그렇지만 주위 사람들, 그중에서도 부모님의 관심이 큽니다. 그래서 늘 성적에 신경을 곤두세우곤 하는데 공부라는 것이 마음대로 되지 않으니 이로부터 극도의 스트레스를 받습니다. 공부뿐만이 아니죠. 외모에 대한 관심이 늘어나면서 자신의 얼굴에 대한 불만이 생길 수도 있고 이성에 대한 호기심이 커지지만 그에 대한 욕구를 채우지 못해 스트레스를 받을 수도 있습니다. 친구들 사이에 소외감이나 미래에 대한 불안감도 이유가 될 수 있지요.

부모님의 보살핌을 받던 어린아이에서 벗어나 독립된 개체로 인정받고 싶은 욕구가 커지지만 현실적으로 부모님의 품 안을 벗어날 수 없다는 한계, 마음으로는 무엇이든 다 할 수 있을 것 같은데 그렇게 할 수 없는 현실에서 오는 좌절감도 마음을 짓누르는 원인이 될 겁니다.

앞서 말했듯이 청소년기에 활동량이 감소하는 것도 우울증 원인이 될 수 있습니다. 세로토닌은 햇빛을 받으며 활발하게 야외활동을 할 때 많이 만들어집니다. 그런데 청소년의 경우 아침엔 일어나 학교에 가야 하고, 방과 후에는 집으로 돌아와 공부를 하거나 학원에서 보충 수업을 들어야 합니다.

햇빛을 받으며 친구들과 마음껏 뛰어놀아야 하는데 그러한 육체적 활동이 없다 보니 세로토닌의 양이 부족할 수 있습니다. 실내에서 간접적으로 받는 햇빛이나 형광등 불빛만으로는 체내에서 필요로 하는 세로토닌의 양을 충분히 만들어 내지 못하거든요.

의식하지 못하지만 잠도 우울증에 많은 영향을 미칩니다. 청소년은 늘 잠이 부족할 수밖에 없습니다. 멜라토닌이 이전보다 늦은 시간에 분비되기 때문에 늦은 밤이나 새벽에야 잠자리에 들 수 있는데 등교 시간은 정해져 있으니 충분히 잠을 잘 수 없습니다. 게다가 학년이 올라가고 공부해야 할 과목의 난도가 높

수면 부족에 시달리는 청소년들

아지면서 교과 과정을 따라가기 위해서 잠을 줄이면서까지 공부에 매달리는 경우도 많습니다. 하지만 수면 부족은 정서적으로 좋지 않습니다.

잠을 제대로 못 자면 뇌 깊숙한 곳에 자리 잡고 있는 편도체가 지나치게 예민해집니다. 편도체는 변연계를 이루는 두뇌 부위 중 하나로 공포나 두려움, 불안 등 부정적인 감정을 느끼도록 만드는 아주 중요한 두뇌 부위입니다. 잠을 충분히 못 자면 편도체가 예민해지고 평소에 비해 과다하게 활성화됩니다. 사소한 일에도 불안감을 느끼거나 겁을 먹고 자신감이 떨어질 수도 있습니다.

편도체와 이성의 뇌인 전두엽 사이에는 고속 도로가 연결되어 있습니다. 두 부위는 두꺼운 신경 다발로 연결되어 있는데 이 길을 타고 편도체에서 느끼는 감정이 전두엽으로 전달됩니다.

편도체에서 만들어진 두려움이나 불안, 공포와 같은 감정이 신경 다발을 통해 전두엽에 전달되면 전두엽은 그것을 인지하고 적절한 반응을 찾아내려고 합니다. 대수롭지 않은 일이라면 무시하고 평정심을 찾도록 만들죠. 부정적인 생각도 전두엽이 억누를 수 있습니다. 그런데 잠을 못 자게 되면 이 고속 도로가 제 기능을 할 수 없습니다.

편도체가 지나치게 활성화되어 전두엽에서 감당하기 어려울 정도의 부정적인 신호를 보내는 거죠. 그래서 불안을 억누르지 못하고 감정의 포로가 되어 버리고 맙니다. 작은 일에도 신경질이 나거나 화를 낼 수 있고 실패 경험을 지나치게 심각하게 받아들여 자신을 비하하거나 자책하게 됩니다.

잠을 제대로 못 자면 뇌 안의 보상 중추도 덩달아 활성화됩니다. 보상 중추가 활성화되면 사소한 일에도 기분이 좋아집니다. 문제는 편도체와 보상 중추의 균형이 맞지 않다는 겁니다. 기분이 좋았다가 금세 축 처지는 등 감정 기복이 심해지는 거죠. 이렇게 되면 쉽게 지칠 수밖에 없습니다.

우울증의 원인은 매우 다양하지만 청소년기에 겪는 감정적인 변화와 여러 스트레스 요소가 겹치면서 뇌의 불안정한 상태가 계속되면 우울증에 걸릴 수 있는 겁니다.

청소년 우울증을 예방하려면

청소년 우울증이 자살로 이어질 정도로 심각함에도 불구하고 대부분은 그것을 우울증이라고 생각하지 않고 사춘기의 일시적인 변화 정도로만 여깁니다. 부모님이나 선생님은 물론 주변 친구나 자신조차 우울증을 의심해 본 적이 없다는 것이죠.

우울증은 스스로 빠져나오기 무척이나 힘든 질환 중 하나입니다. 한번 무기력함을 느끼게 되면 그 상태에서 벗어나기가 어렵고 자칫 잘못하면 더욱 심각한 상태가 될 가능성도 높습니다. 그래서 때를 놓치지 않고 치료하는 것이 중요합니다. 다행히도 우울증은 충분히 치료할 수 있는 질환입니다.

뇌 안에 부족한 세로토닌을 보충해 주면 다시 기분 좋은 감정을 느낄 수 있습니다. 우울증을 치료해 주는 항우울제는 부작용이 있기는 하지만 중독 증상은 보이지 않습니다. 내성도 생기지 않죠. 그러므로 자신이 우울증이라는 생각이 들 때는 적절한 시기를 놓치지 않고 일찍 치료하는 것이 바람직합니다. 정신 질환은 감기와 같이 누구에게나 찾아올 수 있으니까요.

그렇다면 일상에서는 어떻게 우울증을 극복할 수 있을까요? 규칙적으로 운동을 하면 항우울제를 복용하는 것과 맞먹는 효과가 나타난다고 합니다. 듀크대학교의 제임스 블루멘탈 교수는 우울증 진단을 받은 남녀 156명을 모집했습니다. 첫 번째 그룹은 항우울제를 복용했고, 두 번째 그룹은 주 3회, 30분씩 러닝 머신이나 실내 자전거 타기와 같은 유산소 운동을 했습니다. 마지막으로 세 번째 그룹은 항우울제 복용과 유산소 운동을 병행했습니다.

16주 후 우울증 개선 효과를 측정해 보니 세 그룹 모두 60~70% 정도의 치료 효과를 보였습니다. 이 연구 결과에 따라 블루멘탈 교수는 운동이 항우울제를 대신할 수 있다는 결론을 내렸습니다. 그런데 실험 10개월 후에 참가자들의 우울증 개선 효과를 다시 측정해 보니 항우울제만 복용한 그룹의 경우 38%, 항우울제 복용과 운동을 병행한 그룹은 31%가 우울증이 재발한 반면 주 3회 유산소 운동을 한 그룹은 8%의 환자만 우울증이 재발했다고 합니다. 결국 우울증을 완치하기 위해서는 약물에 의존하기보다는 숨이 찰 정도로 운동하는 것이 더욱 효과적이라는 것이죠.

우울증에 빠지면 스스로 몸을 일으키기조차 쉽지 않습니다. 그렇기 때문에 주위 사람의 도움이 꼭 필요합니다. 부모님이나 친한 친구에게 자신의 상태를 솔직하게 고백하고 함께 운동하자고 말해 보는 겁니다. 꼭 형식적일 필요도 없습니다. 그저 즐겁게 웃고 떠들며 가볍게 산책만 해도 좋습니다.

항우울제와 같은 효과를 보이는 운동

중요한 건 꾸준히 하는 겁니다. 우울증에 걸린 사람은 드러내놓고 말은 못 해도 무척이나 깊은 고통에 시달리고 있습니다. 그들은 주변 사람의 관심만 있어도 충분히 그 상황을 이겨 낼 수 있습니다. 혹시라도 주변에 도움이 필요해 보이는 친구가 있다면 말을 걸고 같이 운동해 보세요. 물론 이 책을 읽는 여러분 스스로가 우울증 증상이 있다면 다른 사람에게 도움을 요청하는 것도 중요하고요.

- 매슈 워커, 《우리는 왜 잠을 자야 할까》, 열린책들, 2019
- 한스-게오르크 호이젤, 《뇌, 욕망의 비밀을 풀다》, 비즈니스북스, 2019
- 매튜 D. 리버먼, 《사회적 뇌 인류 성공의 비밀》, 시공사, 2015
- 이안 로버트슨, 《승자의 뇌》, 알에이치코리아, 2013
- 트레이시 앨러웨이·로스 앨러웨이, 《파워풀 워킹 메모리》, 문학동네, 2014
- 리사 손, 《메타인지 학습법》, 21세기북스, 2019
- 프랜시스 젠슨·에이미 엘리스 넛, 《10대의 뇌》, 웅진지식하우스, 2019
- David A. Sousa, How the Brain Learns - 4th ed (CA: Corwin Press, 2011)
- 윤영환·이소희·최종혁 <화병과 주요우울증 환자의 신경인지기능>, 생물정신의학 vol 12 issue 2, 2005